ÉLOGE HISTORIQUE

DE

A. M. F. J. PALISOT DE BEAUVOIS,

MEMBRE DE L'INSTITUT DE FRANCE.

DISCOURS

Qui a remporté le prix de la Société pour l'encouragement des sciences, des lettres et des arts d'Arras, en 1821.

PAR

ARSENNE THIÉBAUT-DE-BERNEAUD.

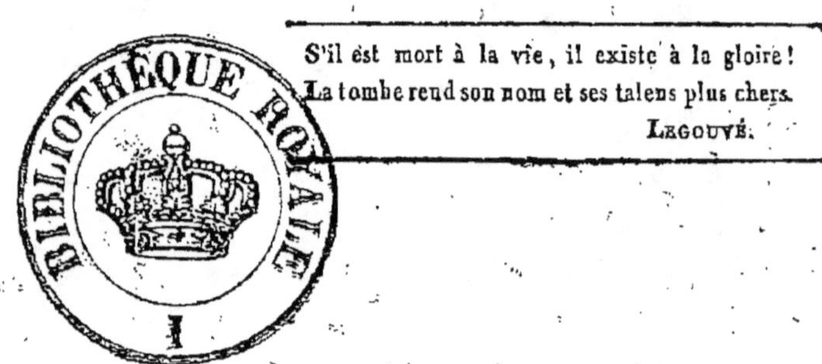

S'il est mort à la vie, il existe à la gloire !
La tombe rend son nom et ses talens plus chers.

LEGOUVÉ.

PARIS.

DE L'IMPRIMERIE DE D'HAUTEL,

RUE DE LA HARPE, N°. 80.

1821.

ÉLOGE HISTORIQUE

DE

A. M. F. J. PALISOT DE BEAUVOIS,

MEMBRE DE L'INSTITUT DE FRANCE.

Après que tous les corps savans, auxquels ses travaux l'avaient associé, ont payé un juste tribut d'éloges à un homme dont les sciences en deuil déploreront long-temps la perte, me sera-t-il permis de faire entendre ma faible voix, d'élever à sa mémoire un monument sans faste, mêlant aux larmes dont sa tombe est mouillée des guirlandes de ces mêmes fleurs qu'il prit tant de soins à étudier, à bien décrire et à naturaliser parmi nous ? L'amitié m'en impose le devoir : elle sera mon excuse, si je reste au-dessous de mon sujet, en louant un savant qui fut estimé de tous ses concitoyens, vénéré des doctes dont il fut l'émule et le confrère, chéri de tous ceux qui le connurent. J'aurai à le montrer tel qu'il fut, observateur fidèle, voyageur infatigable, homme juste, ami sincère, patriote zélé; je le suivrai dans le monde civilisé et au milieu des peuplades sauvages, dans les déserts et au sein de sa famille, dans l'agitation perpé-tuelle des voyages et dans le silence studieux du cabinet; je le considérerai comblé des dons de la fortune et acca-blé par le malheur; je le montrerai encore, en tout temps et en tous lieux, occupé de la gloire de son pays et des progrès de la science : le simple exposé de ses travaux, de ses opinions, de ses doctrines, est le plus beau trophée qui puisse être élevé à sa gloire.

PALISOT DE BEAUVOIS (*Ambroise-Marie-François-Joseph*), naquit à Arras le 27 juillet 1752. Issu d'une très-ancienne famille, célèbre dans la magistrature, il comptait parmi ses ayeux trois premiers présidens au Conseil supérieur de l'Artois : son père était receveur général des domaines de cette province et de la Flandre. Ce fut au collége fondé à Paris, en 1280, par Raoul d'Harcourt, qu'il fit ses études. Doué d'une ame ardente, d'une imagination facile à céder à l'enthousiasme, et d'une mémoire prodigieuse, il se signala par des succès qui étaient autant le fruit de l'étude, qu'une suite des heureuses dispositions qu'il avait reçues de la nature.

Au moment où les passions viennent s'emparer de toutes les facultés de l'ame, et quelquefois décider à jamais du malheur de la vie, si le génie tutélaire d'un bon père n'est point là pour en enchaîner la fougue et leur donner une direction utile, le jeune Palisot de Beauvois se sentit tout-à-coup dévoré par une fervente dévotion; la vie contemplative des premiers solitaires chrétiens frappa son imagination vive et fougueuse; il voulut s'enfermer pour jamais dans un cloître, et l'ordre des Chartreux qui lui parut le plus austère, fut l'objet de son choix. Sa famille combattit cette résolution, fruit de lectures peu en rapport avec son âge, et d'insinuations dangereuses. Quoiqu'il se montrât déjà inflexible, ne pliant ni devant les hommes, ni devant les circonstances, l'extrême mobilité de son esprit et de ses projets ne lui laissa pas la force de lutter contre les remontrances des auteurs de ses jours, contre les sollicitations de toute une famille dont il était tendrement chéri, et qu'il chérissait lui-même au-delà de toute expression. L'idée de la solitude une fois sortie de sa tête, il se jeta dans une autre route également extrême; il entra dans les Mousquetaires, mais il n'y resta que fort peu de temps.

Semblable à ces noires tempêtes qui soulèvent les flots, plongent le marin dans un affreux désespoir et portent la dévastation sur les plages cultivées, mais qui s'apaisent bientôt pour amener une longue suite de beaux jours, son caractère bouillant, changeant de direction, rentra dans le sentier des études pour ne plus les abandonner.

Les vues du jeune Palisot de Beauvois se portèrent dès-lors vers la carrière du barreau; il fit son droit, et en 1772, il fut reçu avocat au parlement de Paris. La même année, il perdit son père d'une attaque de paralysie. Deux ans après, il contracta un mariage de convenance; il venait d'être pourvu de la place de receveur général des domaines, vacante par la mort de son frère aîné. La finance n'était pas de son goût, il ne céda qu'à de fortes considérations de famille, prévoyant en quelque sorte que sa nouvelle charge serait supprimée, comme elle le fut effectivement, en 1777, lorsque Necker, de Genève, fut appelé au ministère.

Palisot de Beauvois se consola facilement de la perte qu'il éprouvait. Depuis quelque temps, l'histoire naturelle occupait toutes ses pensées, fixait ses goûts, et lui procurait d'utiles plaisirs; il vit dans la liberté qu'il acquérait un moyen de s'y livrer tout entier. Il était déjà parvenu à des connaissances peu communes,

(4)

lorsqu'il se sentit entraîné comme par enchantement vers la botanique ; il se lia très-intimement avec le docteur J. B. Lestiboudois (1) qui, depuis 1770, professait cette science à Lille, et s'était fait un nom cher aux amis de la nature, en révélant, dès 1737, les propriétés de la pomme de terre, et en devinant les grandes ressources que Parmentier devait plus tard découvrir dans ce tubercule, auquel le vulgaire venait d'imputer la naissance d'une épidémie désastreuse.

Alors, une révolution mémorable avait arraché la botanique à l'instabilité d'une nomenclature vague, aux tristes livrées que lui avaient imposées le XVIe. siècle. Linné dictait les lois qui devaient la régir, lui frayait une route nouvelle dont il sut rendre l'accès agréable et facile ; autour du genre créé par Tournefort, il rangeait des groupes de plantes qui lui révélaient elles-mêmes leurs aimables analogies dans le mystère de leurs amours, dans le mode de leur reproduction ; sublime dans son entreprise, et cédant à son imagination brillante, pleine de feu, il donnait aux confidens de Flore, pour s'entendre entre eux, un langage technique, simple et d'une énergique précision, que d'indiscrets disciples détruisent de

---

(1) Né a Douai en 1715, et mort à Lille, le 20 mars 1804, âgé de 90 ans. Cet habile botaniste, auteur de la *Botanographie belgique*, 4 vol. in-8°., dressa, en mai 1776, pour son élève, un *Botanicum Insule*, avec une dédicace. L'ouvrage est demeuré manuscrit. Lestiboudois a le premier montré, dans sa *Carte botanique*, l'union philosophique que l'on peut faire de la méthode de Tournefort avec le système de Linné, union que M. Lefébure a su réaliser, et à laquelle la Société Linnéenne de Paris travaille à donner toute la perfection dont elle est susceptible.

nos jours pour lui substituer la barbarie, et écraser la plus aimable de toutes les sciences sous un déluge de mots inutiles, de détails sans critique, sans goût et sans nécessité (1). Une ardeur extraordinaire s'était emparée de tous les botanistes; l'Europe ne suffisait plus à leurs recherches; ils veulent constater sous toutes les latitudes le phénomène si curieux, si piquant de la vie végétale; ils veulent, par des travaux remarquables, par des conquêtes utiles à l'humanité, par le rapprochement de toutes les plantes, confirmer ce que J. J. ROUSSEAU a dit de la botanique et les aperçus ingénieux du philosophe d'Upsal. PALLAS explore les steppes les plus élevées et les plus vastes de l'ancien continent, depuis l'embouchure

---

(1) « On ne peut nier que depuis LINNÉ on n'ait fait un grand nombre d'observations nouvelles et importantes; on doit convenir aussi que les nouvelles choses doivent être indiquées par des noms nouveaux et qui leur sont propres : cette marche est naturelle et inséparable des véritables progrès de la science. Mais abuser de ce principe; créer de nouveaux mots, et des noms pour les modifications les plus légères, fussent-elles même toutes constantes et invariables; surcharger inutilement la nomenclature d'une science à qui l'on fait depuis long-temps le reproche d'en avoir beaucoup trop ; diviser et subdiviser sans cesse par des noms, sous le prétexte d'introduire de l'ordre et de la méthode, n'est-ce pas agrandir de plus en plus le chaos, et jeter un désordre tel, qu'il devient impossible de se reconnaître ? Tel est du moins l'effet que doit produire, dans notre opinion, cette multiplicité de noms superflus, pour ne pas dire nuisibles aux véritables progrès de la science. » (PALISOT DE BEAUVOIS, *Dict. d'hist. nat.*, au mot *Fruit.*)

de l'Oby aux rives toujours glacées , jusques à la mer Caspienne dont les eaux ne connaissent ni le flux ni le reflux ; Solander et Banks , les deux Forsters et Spaβ-mann visitent les côtes du grand Océan et toutes les îles qui le peuplent et présentent partout les restes d'une nation puissante dont l'existence remonte au-delà des cyppes de l'histoire ; Sonnerat et Kœnig étudient les Grandes-Indes ; André Michaux , la Perse ; Bruce , les bords de la mer Rouge , la Nubie et l'Abyssinie ; Sonnini , l'Egypte et la Grèce ; Martin Vahl , notre savant ami Desfon-taines et Poiret , l'Atlas et les terres sur lesquelles pèse le joug humiliant des Barbaresques ; Ruiz , le respectable Pavon et Dombey , le Pérou ; Commerson , les Terres Ma-gellaniques et le Brésil ; Richard , la Guyane , Saint-Thomas et la Guadeloupe ; Schwarts , la Jamaïque et les îles voisines. De toutes les extrémités de l'un et l'autre hémisphères , l'Europe s'enrichit de plantes nouvelles ; leurs tribus éparses se rassemblent sous les yeux de Linné pour recevoir leur nom , publier la gloire du grand homme, et marier un jour tous les climats , confondre tous les pays, et réunir, dans un seul, toutes les productions de la terre.

Comment ne pas aimer la botanique, quand on jette un regard attentif sur le globe, quand on voit cette mul-titude de plantes qui lui forment une parure infiniment variée, gracieuse et toujours renaissante, qui fournissent à tous nos besoins, qui nous procurent de si douces jouis-sances? Une science de qui l'agriculture, la médecine, les arts reçoivent de si puissans secours : une science qui inspire les plus grands sacrifices ; une science qui ne laisse jamais la curiosité tranquille, parce qu'elle ne cesse jamais de l'intéresser, ne pouvait que séduire, qu'entraîner

l'ame active de Palisot de Beauvois; il s'y livra en
effet sans réserve, parcourut avec son vénérable maître
la Flandre, le Brabant et le nord de la France, embras-
sant tous les prodiges de la création. Chaque phénomène
déroulait à ses yeux de grandes vérités, et à chaque pas
qu'il faisait dans le domaine de la science, le tableau de
l'univers devenait plus vaste, plus sublime. Les routes
frayées n'ont bientôt plus rien à lui offrir, il revient,
examine, approfondit, et c'est lorsqu'il s'aperçoit qu'il
existe dans la chaîne systématique des végétaux une classe
dont la manière d'être, de végéter et de se reproduire
est encore problématique, qu'il la choisit pour l'objet
de ses travaux. Il veut découvrir la vérité, il se livre à
sa recherche avec un zèle au-dessus de toute expression;
rien ne le rebute, ni la difficulté naturelle à l'objet qui
l'occupe, ni la complication de l'appareil reproducteur,
ni le peu d'intérêt que l'on donne aux cryptogames, ni
l'autorité des savans qui l'ont précédé dans cette carrière
épineuse. Trois années d'études suivies, d'expériences
délicates, d'observations microscopiques ne peuvent fa-
tiguer sa patience. Il faut, par des faits irrésistibles,
combattre la théorie généralement adoptée, et, comme
ces novateurs dangereux qui déshonorent la science, ne
pas couvrir la nature d'un voile obscur en s'arrêtant à
une simple hypothèse, en multipliant des distinctions
inutiles, en subordonnant les lois éternelles des choses
existantes aux lois bizarres d'un monde chimérique. La
vérité luit enfin à ses yeux, son cœur palpite, il court
à Paris, se présente à l'Académie des Sciences, et fier
de ses découvertes, il déclare hautement que les cryptogames, surtout les champignons, regardés par Necker,
de Manheim, comme une nouvelle réunion du tissu cel-

(8)

lullaire et parenchymateux des autres végétaux (1), sont
absolument des plantes organisées comme toutes les autres, ayant des fibres, des vaisseaux, des racines, une
fleuraison, des attributs mâles et femelles, des semences
sans le concours desquelles elles ne peuvent-essentielle-
ment se reproduire; qu'elles offrent en un mot un premier développement, un accroissement et un dépérisse-
ment qui ne s'effectue d'ordinaire dans tous les corps organisés qu'après avoir laissé des êtres semblables à eux,
et qui éprouveront les mêmes révolutions.

A l'appui de cette découverte, il met sous les yeux de
l'Académie un herbier naturel portatif, contenant plus
de 700 sujets (2), et un cahier de ces mêmes plantes
dessinées par lui-même avec le détail des phénomènes
qu'il a observés (3). Le tout est examiné en détail par
Duhamel du Monceau, l'un des hommes les plus extraor-
dinaires du XVIIIe. siècle; par Guettard, qui décrivit
avec une exactitude scrupuleuse les petits corps vésicu-
leux qui couvrent diverses parties des plantes, et cette
sorte de filets plus ou moins déliés qui les protègent contre
l'intempérie des saisons, et auxquels on a donné les noms
de *glandes* et de *poils*; par Fougeroux de Bondaroy,
dont l'esprit observateur embrassa, éclaira, vivifia toutes

---

(1) *Traité sur la Mycéthologie*, Manheim, 1783.

(2) Ce joli recueil a été offert par Palisot de Beauvois
à M. A. L. de Jussieu, son collègue à l'Institut, comme
un souvenir de trente années d'une amitié toujours égale,
et comme un gage de reconnaissance.

(3) Palisot de Beauvois m'a donné le cahier qu'il avait
déposé à l'Académie, en 1786. Il est revêtu *ne varietur* de
la signature de Condorcet.

les branches de l'histoire naturelle , et par M. DE JUSSIEU, qui venait de créer une méthode nouvelle dont les bases reposent sur l'absence , la présence et le nombre des lobes séminaux ou cotylédons, corps charnus, d'une forme particulière , ne ressemblant en rien aux feuilles proprement dites , quoiqu'on leur en donne parfois le nom, et qui sont le point de départ de la végétation. Ces savans reconnaissent, constatent la découverte ; ils votent des encouragemens au jeune botaniste , et l'Académie le nomme, en 1781, son correspondant.

Jaloux de justifier de plus en plus l'honorable suffrage du premier corps savant de l'Europe, PALISOT DE BEAUVOIS soumit à un semblable examen toutes les cryptogames, et fit voir les erreurs commises par DILLEN et par LINNÉ relativement aux organes de la reproduction dans les mousses, les lycopodes, les hépatiques, les algues et les lichens. Il combattit avec force le système proposé par HEDWIG qui tend à priver de sexes les champignons, et à les assimiler aux polypes et à certains autres animaux qui se reproduisent par des bulbes ou par de simples bourgeons (1). Enfin, il n'a cessé de continuer ses premiers essais, de les enrichir de nouvelles et nombreuses

____

(1) *Mémoire sur l'organisation des champignons et des mousses*, lu à l'Académie des Sciences le 8 février 1783.

Mémoire sur les semences des champignons, lu le 7 juillet 1784. L'Académie ordonna l'impression de ces deux Mémoires dans les volumes des Savans étrangers.

Mémoire sur un nouveau champignon (le *microspheria polymorpha*) et une nouvelle espèce de conferve (*jungermannia multifida*), découverts aux environs de observations pendant trente années ; comme nous aurons l'occasion de le dire plus bas.

Il s'occupa également de plusieurs autres questions très-difficiles de la physiologie végétale (1) , au sujet desquelles plus tard il entra dans de plus amples développemens. Nous citerons seulement ici un *Mémoire* qu'il lut à l'Académie des Sciences au mois de février 1786, *sur les moyens d'améliorer les bois et d'en retirer un plus grand profit.* L'objet qu'il se proposait alors a trait à la manière de les exploiter. Il avait observé dans le nord de la France que les arbres se dégradaient insensiblement, parce qu'on n'avait pas soin d'élaguer les balivaux. Un préjugé s'opposait à cette utile opération sur le chêne et sur quelques arbres verts résineux : il voulut le combattre par des conseils, et ajouter à sa propre expérience, l'autorité de la première Société savante de l'Europe. Il se montra dans cette circonstance bon physiologiste, cultivateur éclairé et ami de son pays ; il ne fallait pas tant de titres pour recueillir le suffrage des Académiciens (2).

Déjà les végétaux indigènes et ceux que la culture soigne avec tant de frais dans nos jardins ne pouvaient

---

Paris, lus à l'Académie en 1786, et destinés à faire partie du volume des Savans étrangers, qui devait être publié pour cette année.

(1) *Mémoire sur les vaisseaux en spirale connus sous le nom de trachées,* lu à l'Académie des Sciences le 9 février 1785.

Observations nouvelles sur les plantes sarmenteuses, lues à l'Académie en janvier 1786, et réservées pour le volume des Savans étrangers.

(*) Ce Mémoire obtint l'approbation de l'Académie,

plus satisfaire à l'ardeur que Palisot de Beauvois avait de s'instruire ; les herbiers de plantes étrangères qu'il visitait, celui formé par Tournefort dans ses voyages au Levant, ceux qu'expédiaient au Jardin des plantes de Paris les botanistes français qui parcouraient diverses contrées de l'Asie, de l'Afrique et des deux Amériques, enflammaient son imagination, et lui inspiraient le désir de fournir aussi à son tour à la science de nouvelles richesses. La lecture du voyage de Niebuhr l'avait surtout intéressé ; et tout en déplorant la perte de l'infortuné Forskael, qui, après avoir été pris et impitoyablement dépouillé par les Arabes, mourut, jeune encore, dévoré par la peste ; il conçut le projet hardi de terminer l'entreprise périlleuse de son voyage, mais le ministre auquel il soumit cette idée ne lui permit pas de la réaliser. Il allait accepter la mission d'un voyage autour du monde, quoique bien convaincu de l'inutilité de telles expéditions pour l'histoire naturelle, et particulièrement pour la botanique ; mais au moment où il allait courir la chance malheureuse de Lapeyrouse, une circonstance imprévue fixa ses regards sur la côte de Guinée.

Il se trouvait alors (en 1785) à Paris, sous le nom de fils du roi d'Oware, un Nègre chargé par son gouvernement d'obtenir de celui de France une redevance annuelle pour la cession d'un vaste terrain, destiné à former un établissement français à l'embouchure de la rivière Formose. Palisot de Beauvois fait connaissance avec le prétendu prince Boudakan, se lie avec le capitaine du

---

qui arrêta le 18 février 1786, sur le rapport de Fougeroux de Bondaroy et A. L. de Jussieu, qu'il serait imprimé dans le Recueil des Savans étrangers.

vaisseau qui devait le reconduire sur la côte de Guinée, et comme aucun naturaliste n'avait encore exploré
les états d'Oware et de Benin, il sollicite et obtient la
permission d'être du voyage. En s'imposant un exil vo-
lontaire, en sacrifiant ainsi sa vie dans la vue de contribuer par ses recherches et son dévoûment aux progrès
des sciences naturelles, il pouvait, il devait espérer que
le Gouvernement céderait aux instances de l'Académie
des sciences et qu'il se chargerait des frais de cette entreprise hardie ; mais il en fut tout autrement, et ce qu'il
put obtenir d'un ministère inepte et spéculateur, ce fut
l'avance de quatre années d'arrérages d'une rente qu'il
avait sur l'Etat, et qui lui produisit environ trente-deux
mille francs.

Sourd et inaccessible à toute idée de fatigues, de craintes
et de dangers, il se sépare de son épouse à qui il donne
les pouvoirs les plus étendus pour gérer ses biens ; le 5
juillet 1786, il quitte Paris, et le 17, il s'embarque à
Rochefort, sur la flute *le Pérou*, commandée par le capitaine Landolphe, montée par 300 hommes et percée de
36 pièces de canon.

De ce moment date pour lui une nouvelle existence ;
son activité redouble ; et dans ce qu'il observe, il cherche
à démêler ce qui a pu échapper aux savans. Toutes ses
heures sont pleines, il ne perd aucun instant. Il profite
d'une relâche d'un mois pour visiter Lisbonne, étudier
les rives pittoresques du Tage, dont les eaux troubles,
inondent et fertilisent régulièrement chaque année les
vertes plaines de Santaren et de Villafranca; pour recueillir
une foule de plantes et d'insectes curieux dans les Lizi-
rias ou îles cultivées, dans les landes tristes et dépouillées
de l'Alemtejo, sur les rochers à pic de Cabo-da-Roca,

dans les montagnes très escarpées d'Arrabida. Ces récoltes précieuses expédiées en France, le vaisseau mit à la voile.

Notre voyageur aperçoit d'abord l'île de Madère, où la végétation a tous les caractères européens ; l'archipel des Canaries, ancien théâtre de la nation Guanche et première patrie du mouton-mérinos ; le pic du Ténériffe dont la couleur blanche a long-temps fait croire que la neige y était perpétuelle, tandis qu'elle est due aux pierres ponces qui recouvrent le cône de ce vieux volcan, et qui, réflétant d'abord une couleur rougeâtre aux premiers rayons du soleil, passe ensuite, par une gradation rapide, au blanc le plus éclatant.

Entré dans les mers du Tropique, il s'est assuré que le goémon flottant ou *raisin du Tropique*, appelé par les botanistes *Fucus natans*, et dont les ramifications nombreuses, offrent dans leurs entrelacemens des petites îles flottantes qui disparaissent, soit qu'elles deviennent la proie des poissons, ou que la putréfaction les détruise. Ce fucus est muni d'une sorte de tige rameuse, de feuilles lancéolées, alternes, dentées en forme de scie, et de petits tubercules axillaires, contenant dans l'intérieur des filamens soyeux, que des botanistes ont pris pour un des organes de leur régénération ; mais ces globules ne sont que des vessies aériformes à l'aide desquelles la plante se soutient au-dessus des eaux. La véritable fructification du *Fucus natans* consiste dans des amas de tubercules rangés autour d'un corps tout différent, et qui renferment plusieurs capsules dont les petits grains sont ou doivent être les organes de la reproduction ; quant à ceux de la fécondation, analogues aux étamines, PALISOT DE BEAUVOIS ne put les découvrir. On s'étonne avec raison de ce que les marins ne font aucun usage de ce varec, car il est bon à manger.

A la hauteur du Cap-Vert, où ADANSON fit de si amples récoltes et où GOLBERRY mesura le tronc d'un baobab, ce géant des solitudes dont l'âge épouvante l'imagination quand elle calcule les siècles par le long accroissement qu'exige sa grosseur monstrueuse (1), PALISOT DE BEAU-VOIS vit pour la première fois le requin-marteau (*squalus zygœna*, L.), l'espèce la plus audacieuse et la plus vorace, et le poisson-scie (*squalus pristis*, L.), l'ennemi le plus acharné de la baleine et qui périt en même temps que sa victime.

Le phénomène de la phosphorescence de la mer, si parfaitement décrit par MARCHAND (2), dû, selon les uns, aux méduses ou bien au frai des poissons; aux insectes lumineux, aux mollusques et zoophytes mous, selon les autres; au frottement et à l'électricité des courans marins, suivant ceux-ci; enfin à des substances animales et végétales en putréfaction, suivant ceux-là, fixa son attention, et comme la question était difficile et demeurée indécise, il voulut en pénétrer le mystère. Fut-il plus heureux que ses devanciers? Je l'ignore, mais il estime

---

(1) Cet arbre qui, d'après les observations les plus exactes, paraît mettre trois siècles pour atteindre à sa hauteur ordinaire, avait, en 1800, onze mètres (34 pieds) de circonférence. Si l'on compare cette mesure à celle prise par ADANSON, quarante-six ans auparavant, on voit qu'il n'avait gagné en diamètre, durant cet intervalle, que 16 à 18 millimètres (7 à 8 lignes).

(2) *Voyage autour du monde pendant les années* 1790, 1791 *et* 1792; tom. II pag 340 — 344.

que les causes alléguées jusqu'ici agissent toutes tantôt isolément, tantôt ensemble et concurremment, et que, à raison des localités, de l'état atmosphérique et des circonstances du moment, elles contribuent plus ou moins à produire ce spectacle magnifique et imposant. En effet, si nous analysons ce phénomène, nous voyons, à une lueur pâle, continue et pour ainsi dire perlée, succéder une lumière vive et scintillante, semblable à un nuage d'argent; elle suit le sillage du navire ou des poissons qui nagent avec rapidité, et est accompagnée de points jaunes très-multipliés, les uns isolés, les autres mêlés, confondus dans la masse brillante. Nous sommes dès-lors autorisés à croire que les substances animales et végétales en putréfaction, produisent cette sorte de nappe argentée, ce tourbillon phosphorique, et que les petits points saillans sont ou doivent être des animalcules de la famille des scolopendres et des polypes vivans, d'une mobilité étonnante, très-lumineux, et le devenant encore plus par l'agitation et le frottement.

La traversée fut presque habituellement contrariée par des mauvais temps, par des calmes, et de violens orages; le vaisseau souffrit tellement, qu'on fut obligé à plusieurs relâches. A l'embouchure de la rivière Mezurado, dans le pays des Foulahs, qui font un grand commerce de poivre; à Sestre-Crou, sur la côte des graines; au Cap-Lahov, sur la côte d'ivoire, à Hapan, à Chama, improprement appelé Sama, et Koto ou Kéta, sur la Côte d'Or. Dans ces différentes stations, notre intrépide voyageur enrichit ses cartons d'un grand nombre de végétaux et d'insectes, de graines et de coquillages, de minéraux et de fossiles curieux; il fit des remarques intéressantes de divers genres sur les mœurs et les habitudes des hommes , sur les sites , les productions et les ressources du pays.

A Sestre-Crou , la tribu des Nègres qu'il observa est d'une haute et belle stature , d'un noir d'ébène très-prononcé , ayant les cheveux longs et plats , le nez aquilin et les lèvres moins saillantes que les autres tribus de la Nigritie et de la Guinée ; cette race en tout semblable à celle que l'on trouve dans les îles du grand Océan équatorial , et qui pourrait bien être les restes d'une antique nation dispersée par les révolutions religieuses et politiques qui précédèrent ou suivirent les expéditions des premiers Malais dans l'un et l'autre hémisphère, ou celles des vieux Éthiopiens sur toute l'Afrique.

A Chama, il trouva très-abondamment le magnifique coléoptère, connu sous le nom de capricorne odorant (*cerambix moschatus* , L.) ; son odeur de rose est encore plus prononcée que dans les espèces européennes qui vivent sur le saule blanc (*salix alba* , L.). On croit communément que ce parfum suave est puisé par l'insecte sur l'arbre qu'il affectionne de préférence , cependant il n'y a pas de saules sur la côte de Guinée, et les autres insectes que nous voyons sur nos saules indigènes, tels que les altises, les chrysomèles , les galeruques , les taupins , etc.., ne sentent pas la rose. Cette odeur est donc propre au capricorne. (1)

En visitant la mine d'où les Nègres extraient la poudre d'or , il a remarqué que pour la peser on se sert des

---

(1) Deux de ces insectes renfermés dans une bouteille , donnent au tabac un goût très-agréable et sans aucun inconvénient, au dire des amateurs de cette poudre nauséabonde.

graines du balisier d'Inde (*canna indica*), qui sont
d'une grosseur et d'un poids assez uniformes.

Près du fleuve Volta et de la petite ville d'Hapan,
ainsi qu'à Koto, il vit des bandes considérables de singes
de l'espèce appelée macaque (*cynus cynomalgus*, L.),
des petites perruches à tête rouge glacée de bleu, et
surtout beaucoup de vautours et de grosses fourmis. Il
est expressément défendu de tuer ces derniers animaux,
parce qu'ils détruisent les rats, les souris, les araignées
et une foule d'insectes malfaisans qui pullulent dans ces
contrées essentiellement insalubres.

Enfin, après de longs efforts, le vaisseau jeta l'ancre à
l'embouchure du fleuve Formose, le 17 novembre 1786 ;
Palisot de Beauvois passa la première nuit sur les
terres d'Oware, dans une cabane entourée de ketmies
(*hibiscus cancellatus*), aux fleurs purpurines nouvelle-
ment épanouies ; et dès le lendemain il prit en quelque
sorte possession des plages intéressantes qui n'avaient
encore été vues ni visitées par aucun observateur.

Le pays des Jackéris, connus vulgairement sous le
nom d'Owarés, occupe sur la côte occidentale de l'Afrique équatoriale une vaste étendue de terrain entre les 5e,
et 7e degrés de latitude nord, bornée au septentrion par
les états de Benin, au sud par celui de Galbar, à l'est par
les plaines de sable où l'on cherche les sources du Niger,
et à l'ouest par l'Océan atlantique. Le sol est bas, coupé
en différens sens par des bras de rivières, et submergé
presque sur tous les points par les hautes marées qui
laissent après elles un limon fangeux et pestilentiel, repaire
des crocodiles et d'une infinité de serpens monstrueux.
Cette terre, où la chaleur est excessive, où tout contribue
à la rendre le lieu le plus malsain qu'on connaisse, est

habitée par des hommes bons, doux et hospitaliers, gais, vifs, spirituels et généreux, ayant horreur des sacrifices et de l'effusion du sang humain, usage affreux qu'on trouve chez les Africains dès la plus haute antiquité. Quoique soumis à un roi, leurs jours et leurs propriétés n'ont rien à redouter de ses caprices; les lois veillent sur eux; elles ne sont pas écrites, mais pour cela elles n'en sont pas moins religieusement observées; jamais on n'y porte la plus légère atteinte. Dans aucune circonstance le chef de l'État ne peut se trouver juge et partie. L'assassin a la tête tranchée, et son corps, privé de sépulture, est jeté dans les forêts pour y servir de pâture aux fourmis et aux bêtes féroces. Le voleur pris sur le fait, devient la propriété de celui qu'il voulait dépouiller. De pareilles dispositions font regretter l'usage où ce peuple est de vendre les jeunes gens les plus robustes, les femmes les mieux faites et les malheureux réduits à l'esclavage par le sort ou par le besoin. Ce commerce barbare, favorisé par un horrible système contre lequel l'Europe se prononce enfin après l'avoir établi, a rendu les peuples de l'Afrique étrangers à l'agriculture, le premier de tous les biens, aux sciences et aux arts qui tempèrent ce que les climats ont de fâcheux; ils ne savent tirer aucun parti du sol et de ses productions naturelles.

Les Jackéris admettent deux êtres suprêmes, l'un noir et bon auquel ils ne rendent aucun culte, parce qu'il sait ce qui leur convient et n'a point la pensée de leur faire du mal; l'autre blanc et essentiellement méchant, ils l'invoquent sans cesse pour l'engager à ne pas leur nuire. Entre ce second dieu et les hommes, le fanatisme ou la politique a établi un être intermédiaire qui peut être un arbre, un oiseau de proie, un lézard, un monticule, un terrain cultivé, etc. Ils ont conservé quelques traces du christianisme que les Portugais tentèrent d'introduire parmi eux au XVIIe. siècle ; ils vénèrent une grande croix de bois placée dans un carrefour de la ville d'Oware, et ne passent jamais devant elle sans faire le signe des Chrétiens avec une petite callebasse creuse qu'ils portent suspendue à leur col et qu'ils remplissent de *bourdou* (1), d'eau-de-vie, de terre et de sang de poulets ou de cabrit, chèvre à poil ras et trèspetite.

Une coutume hideuse, repoussante, qui offense la nature et ne trouve même pas d'excuse dans le délire de la superstition, c'est d'enlever l'enfant qui vient de mourir, de l'envelopper dans une natte de jonc ou de palmier, de le porter en courant sur le bord de la rivière, de le déposer sur une grosse pierre, et là de réduire à coups de bâton ses chairs et ses os à l'état de pâte que l'on enterre alors soigneusement. A tout autre âge, les sépultures se font avec respect au milieu des cris et des pleurs.

Les fêtes religieuses consistent à se réunir le matin dans des huttes situées au milieu des bois, où les étrangers ne peuvent être admis ; après les prières on joue et l'on danse. Au mois de décembre, les Jackéris ont un carnaval assez semblable à celui des Européens et qui peut-être

____

(1) Liqueur vineuse très-agréable qu'on extrait du tronc du palmier raphia ; voy. *la Flore d'Oware et de Benin*, tom. I, pag. 77. Elle est blanchâtre, tirant un peu sur le gris de lin, et contient une plus grande quantité d'alcool que le vin de palme ordinaire. Des fruits de cet arbre, on obtient une autre boisson plus colorée, plus savoureuse, qui se garde plus long-temps et avec laquelle les Nègres s'enivrent comme avec l'eau-de-vie.

leur vient des Portugais : ces saturnales durent trois jours, pendant lesquels les jeunes gens se déguisent avec des étoffes et des feuilles de palmier, avec des peaux d'animaux et des herbages diversement tressés.

Ils ont plusieurs genres d'industrie remarquables, mais dont les secrets nous sont inconnus. Avec certains fruits ils préparent un savon liquide, noirâtre et supérieur au nôtre; ils fabriquent de très-jolies pagnes, espèce de toile de coton, dont les dessins sont tracés avec des fils blancs, et d'autres teints en bleu ou en rouge. Ils extraient la fécule d'une espèce d'indigotier, l'*indigofera endecaphylla* (1), qui croît naturellement dans le pays, mais n'y est cultivée en aucune manière, et de la pulpe de l'avoira, (*elaïs guineensis*) une huile bonne à manger (2) et qui ne demanderait qu'une manipulation mieux entendue pour rivaliser avec nos meilleures huiles d'olives. Quant à la couleur rouge, comme on ne trouve point de rocou (*bixa orellana*) dans toute la contrée, il est à présumer qu'ils se servent d'une terre très-rouge, espèce d'ocre, dont le peu de solidité de la teinte rend la supposition assez vraisemblable. Ils ont l'art de bâtir des maisons assez commodes, de creuser des pirogues avec le feu, de façonner des pagayes, sorte de rames, fort légères, de séparer les fibres de plusieurs plantes de la famille des cypéracées, de les unir et d'en faire des ficelles très-

---

(1) Elle est décrite dans la *Flore d'Oware*, tom. II, pag. 43 et 44. Planch. LXXXIV.

(2) Ce palmier est le plus grand de tous; on obtient de l'amande du fruit une sorte de beurre d'un bon goût, et très-adoucissant, connu sous le nom de *beurre de Galaham*.

bonnes et de longue durée. Un joli coquillage, nommé *cauris*, connu en Europe sous le nom de *pucelage*, leur tient lieu de numéraire ; c'est en échange qu'ils donnent non-seulement leurs esclaves, mais encore du morphile, de l'or, des ignames, etc.

Dès son arrivée à Oware, PALISOT DE BEAUVOIS fut présenté au souverain du pays ; il en fut bien accueilli ; il le trouva agenouillé au pied d'un grand vase de terre glaise, cuite au soleil, sans goût et rempli de bourdou, qu'il avait adopté pour son fétiche. Ce souverain passe sa vie occupé de plaisirs, plongé dans la mollesse, au milieu des nombreuses femmes de son sérail, et entouré d'environ cinq à six mille esclaves. Notre voyageur qui, pendant ses rapports à Paris avec BOUDAKAN, et pendant la traversée, s'était initié dans la langue du pays, et familiarisé avec les sons forts que les Jackéris tirent du gosier, instruisit le roi de son projet de visiter l'intérieur des terres, et lui demanda des guides pour l'accompagner. Sa demande lui fut accordée, et pour lui montrer tout l'intérêt qu'il lui portait, le roi ordonna au principal officier de ses gardes d'invoquer le fétiche protecteur des voyages. Aussitôt OKONO commande le silence à toute la cour, frappe la terre à plusieurs reprises avec une petite baguette de mimose sacrée (1), et, peu d'instans après,

---

(1) Ce bel arbre, d'une taille moyenne, porte des fruits dont les gousses ouvertes présentent une pulpe du plus beau rouge, contrastant admirablement avec les graines d'un noir parfait qu'elle entoure. Cet arbre est sacré ; PALISOT DE BEAUVOIS devait le décrire dans sa *Flore*, mais la mort l'a empêché de terminer cet ouvrage, et même de mettre la dernière main à ses notes manuscrites.

parut une grosse couleuvre du genre *boa ;* il lui jette quelques morceaux de bananes, d'ignames et de chair d'hippopotame. Pendant que le serpent mangeait fort paisiblement, Okoro avait les yeux fixés contre terre, les bras croisés sur la poitrine, et marmottait de longues prières pour préserver l'*Oïbo* (1) de tous les dangers. Le repas fini, le reptile leva la tête en signe de contentement, et regagna sa retraite inconnue. Tout le temps que dura cette cérémonie, le roi tenait son fétiche particulier embrassé, et paraissait prier à voix basse. On se fit ensuite mutuellement divers présens ; six Nègres et l'un des fils du roi furent désignés pour servir d'escorte à notre voyageur.

Palisot de Beauvois parcourt aussitôt le pays en tous sens, depuis les terres argileuses du Galbar, où les Nègres mettent à mort leurs prisonniers, et en vendent les tristes débris dans les marchés publics, jusques au-delà de Buonopazo, l'un des derniers établissemens du royaume d'Oware ; s'enfonçant dans les bois, remontant les rivières, se frayant un chemin à travers un désert immense, peuplé de lions, de panthères, de léopards, de hyènes tigrées qui s'entre-déchirent, de chakals et de serpens-géans les plus redoutés de tous ces animaux féroces. Tout semblait répondre à son avidité de connaître ; le succès lui faisait oublier les fatigues et les dangers ; il souriait aux victoires qu'il remportait à chaque pas sur une nature toute vierge. Mais ses vœux ne devaient point s'accomplir entièrement. Tout-à-coup il est arrêté dans sa marche ; les Nègres refusent de le suivre

____

(1) Ce nom est celui que les Nègres donnent aux blancs.

plus loin ; des difficultés en tous genres et sans cesse re-
naissantes les découragent, et, pour comble de disgrace,
la présence des Jos (1) les remplit tellement de frayeur
que le fils du roi et un nègre, voyant que PALISOT DE
BEAUVOIS persistait à pénétrer plus avant, se jetèrent dans
le fleuve voisin et disparurent sur la rive fangeuse, s'ex-
posant ainsi à un danger réel, la rencontre d'un croco-
dile ou d'un serpent géant, pour en éviter un imaginaire.
Pendant deux jours entiers, il fit de vains efforts pour
vaincre la résistance qu'on lui opposait ; les menaces ni
les promesses ne peuvent plus décider personne à obéir ;
et, après être arrivé à plus de 150 myriamètres (300
lieues) de la côte, dans des lieux où jamais Européen
n'avait pénétré avant lui, il voit ses projets déçus ; le
désespoir s'empare de son ame ; mais, semblable au
nocher qui lutte inutilement contre la tempête mugis-
sante, il cède à la vague qui le couvre, qui l'entraîne.

____

(1) On appelle ainsi des hordes de bandits plus ou
moins nombreuses qui vivent dans l'intérieur de la Guinée, se mettent en embuscade, soit dans des buissons
très-touffus sur les bords des chemins, soit dans les criques,
le long des rivières. Là, les Jos attendent patiemment leur
proie, et fondent sur elle, lorsqu'ils se jugent les plus
forts. Quand ces voleurs n'ont point fait de captures, et
qu'ils sont pressés par la faim ou qu'ils craignent des re-
proches de leurs chefs, ils se rendent la nuit au village
le plus voisin, y mettent le feu, s'emparent des habitans
qu'ils peuvent attraper dans leur fuite, et les conduisent
au dépôt général, d'où ils sont expédiés pour des comp-
toirs lointains, où on les vend avec sécurité, ne pouvant
être reconnus. Les Jos ont des correspondances régulières
qui déjouent toutes les mesures prises contre eux.

Il porte un long et dernier regard sur ce désert brûlant
qu'il comptait traverser, il s'irrite de son malheur, et
revient tristement sur ses pas chercher des hommes mieux
disposés : il ne put en trouver. Ceux qui ne nourrissent
pas de grandes pensées, qui sont incapables de généreux
sacrifices, d'un dévouement sans bornes pour le bien de
leurs semblables, se feront difficilement une idée du cha-
grin dont l'ame est oppressée dans une pareille circonstance ; il faut l'avoir éprouvé soi-même pour en conce-
voir toute l'amertume, pour en apprécier toute l'étendue,
pour en sonder la profondeur. Ce contre-temps affecta
vivement notre savant naturaliste, et pour ne pas suc-
comber au découragement prêt à frapper toutes ses
facultés, il part pour les états de Benin.

Il arriva dans la capitale en mai 1787, et fut présenté
au roi le jour même où l'on célébrait la grande fête annuelle des ignames. On sait que cette plante (le *dioscorea
sativa*, L.) est pour les Béniniens et pour tous les Africains des Tropiques, ce qu'est, pour les nations de l'Europe, la graminée qui les nourrit. Le but de la cérémonie
est de réveiller l'indolence et l'apathie naturelle aux Nègres, de les exciter à cultiver la plante précieuse ; en
conséquence, le souverain paraît en public, entouré des
grands ou fidors et de ses femmes, il plante un igname
de ses propres mains ; le vase qui le contient est salué par
des danses, par des chants. La racine pousse aussitôt, et
grâces aux substitutions faites habilement, l'arbre atteint
bientôt une hauteur remarquable, et donne des signes
non équivoques de fécondation ; plus ces signes sont ex-
traordinaires, plus on croit à la certitude que la prochaine
récolte sera très-abondante. Le peuple admire cette sorte de
miracles, se livre à la joie, et ne doute pas de la puissance

légitime de son souverain qui a commerce direct avec le ciel, qui peut vivre sans boire ni manger; qui est sujet à mourir, mais destiné, après cent vingt lunes ou dix ans, à reparaître sur terre, pour y régner de nouveau (1).

Autant les Jackéris ont horreur du sang, autant ceux de Benin ont de plaisir à le répandre. Ils ne célèbrent aucune fête politique ou religieuse, ils ne témoignent leur joie ou leur tristesse qu'en immolant auprès de leurs fétiches des victimes humaines et des animaux mâles. Soit égard pour un sexe faible, destiné uniquement à les servir et à satisfaire leurs plaisirs, soit pour ne point interrompre les lois de la génération, ils ne sacrifient jamais de femmes ni aucune femelle d'animaux. A la fête des ignames, on tue trois hommes dont les têtes restent exposées sur l'autel; la chair des animaux immolés en même temps est distribuée au peuple. A la fête des coraux, la seconde fête nationale de l'année, où le roi se montre hors de son palais, on immole 15 hommes, 15 boucs, 15 béliers et 15 coqs, et l'on plonge dans leur sang les colliers de corail qui doivent orner, en plus ou moins grand nombre, la poitrine nue du roi, celle des femmes et des grands du pays.

Les femmes sont jolies, très-bien faites; leur couleur varie depuis le noir luisant jusqu'à la nuance qui approche le plus du cuivré. Elles se couvrent ordinairement depuis les hanches jusqu'aux genoux de différentes étoffes pla-

---

(1) Voyez à ce sujet une *Notice sur le peuple de Benin*, lue par Palisot de Beauvois à la séance publique de l'Institut, le 15 nivose an IX (5 janvier 1801), et insérée dans *la Décade philosophique*, n°. 12 de l'an IX, 2°. trimestre, p. 141 et suiv.

cées les unes sur les autres avec beaucoup d'art. Autour du sein ondulent des tresses de corail, d'agates et de verroteries bleues, et dans leurs cheveux bouclés, elles placent des lames de corail, des plumes de héron blanc (*ardea alba*, L.) et celles à reflet métallique de la queue de l'emberize, communément appelée veuve (*emberiza vidua*, L.).

Quoique le peuple de Benin soit avide, vindicatif et d'une superstition excessive, il est essentiellement hospitalier. Il ne se fait aucun scrupule de chercher à dérober pendant la nuit ce qu'il a vendu durant le jour. Jamais il ne levera la main sur un blanc, mais il l'empoisonnera pour le voler ou pour se venger de lui. Tout étranger mort dans le pays est privé de la sépulture, et son corps, traîné sur les chemins, est jeté au milieu des forêts pour y devenir la proie des bêtes féroces. Sur la route d'Agathon à Benin, dans un espace de 6 myriamètres ou 14 lieues, planté d'arbres très-hauts et d'une grosseur extraordinaire, on a élevé des cabanes isolées pour servir d'abri aux voyageurs et où ils trouvent pour leur usage des fruits et du vin de palme.

Les maisons sont basses, couvertes de feuilles de latanier, tenues avec une grande propreté, et la plupart ombragées de kolas (*sterculia acuminata*), arbre de moyenne grandeur, dont les fruits, assez semblables aux châtaignes, sont mangés par les Nègres avec une sorte de délice avant les repas, non point à cause de leur bon goût, puisqu'ils laissent dans la bouche une sorte d'âpreté acide, mais en raison de la propriété singulière qu'ils ont de faire trouver bon tout ce que l'on mange après en avoir mâché, et d'imprimer particulièrement à l'eau une saveur des plus agréables. Les rues sont larges, mais les marchés font reculer un Européen : on y étale de la chair de chien et de zèbre, que les naturels aiment beaucoup, de hideux mandrilles tout rôtis, de grandes chauve-souris, des rats, des lézards, etc.

En sortant de la ville de Benin, on voit le vaste palais du roi, fermé de murailles, orné de jolis appartemens et de longues galeries soutenues par des piliers de bois ; non loin de là, le puits profond et toujours ouvert qui sert de sépulture aux souverains, et dans lequel, lorsque le roi défunt y a été descendu, on voit s'élancer volontairement ses serviteurs, ses favoris, et durant trois jours, y précipiter par force tous ceux que les affidés du nouveau roi rencontrent et peuvent attraper.

Palisot de Beauvois ne cessait d'admirer les productions des contrées qu'il explorait avec un zèle immodéré, de rassembler tout ce qui pouvait enrichir la science de données nouvelles, de poursuivre ses recherches, tantôt sous l'ombrage impénétrable et bienfaisant du rotang (*calamus secundiflorus*) pour y observer les édifices des termès, et une foule de petits animaux qui y trouvent un abri assuré contre leurs nombreux ennemis ; tantôt dans les savanes où les touffes gigantesques de l'herbe de Guinée (*panicum altissimum*) présentent à l'œil l'image des forêts : c'est là que le Nègre allume ces larges torrens de feu que les Carthaginois aperçurent en visitant la côte d'Afrique (1).

Bientôt des chaleurs excessives embrasent l'air, et donnent une nouvelle intensité aux miasmes délétères qui s'élèvent des marais ; leur fatale influence accable d'infirmités les naturels, frappe de mort une grande partie

---

(1) Hannon, *Périple d'Afrique*, au commencement.

de l'équipage, et ne tarde pas à envelopper notre voyageur lui-même. Le scorbut le plonge dans une prostration de forces complète; il gagne la fièvre jaune, mais grâce à sa robuste constitution, à sa présence d'esprit et à cette force d'ame qui ne l'abandonna jamais, et semblait au contraire grandir avec les circonstances les plus fâcheuses, il échappe à deux reprises à ce fléau qui moissonne avec la plus grande rapidité les Européens de tout âge et de toute sorte de tempérament. Trois fois il essuye des maladies graves, auxquelles il échappe par miracle. Cependant le scorbut ne le quitte plus, il mine les dernières ressources de ses forces délabrées, et comme sa sensibilité s'affecte profondément de la perte récente d'un beau-frère et du domestique fidèle qui s'étaient attachés à ses destinées; le capitaine Landolphe l'oblige, par ses pressantes sollicitations, à se réfugier sur un vaisseau négrier qui faisait voile pour Haïti, vulgairement appelé Saint-Domingue. Palisot de Beauvois n'a pas la force de résister; il renferme dans plusieurs caisses les précieuses récoltes qu'il avait faites sur le continent de l'Afrique; en garde quelques-unes, confie les autres à l'établissement français qui se formait à l'embouchure de la Formose (1), et se sépare (le 22 janvier 1788) pour toujours d'un

______

(1) Peu de temps après, et sans aucune déclaration de guerre préalable, un capitaine de vaisseau anglais entra dans le fleuve Formose, et dès la nuit, il canonna, fusilla l'établissement français, y mit le feu, pilla ce qui avait pu échapper aux flammes, et tua sans pitié tous les habitans qui n'eurent pas le temps ou les moyens de fuir. Le gouvernement anglais n'a jamais donné réparation de cet attentat et n'en a point fait condamner l'auteur.

pays qu'il voulait conquérir à la science, et du vaisseau qui l'avait amené sur ces plages lointaines.

Depuis quinze jours il avait quitté cette terre de désolation, quand un vent de sud-ouest s'élève impétueux, couvre l'horizon de nuages épais, agite les flots, pousse le navire au fond du golfe de Guinée, et l'oblige à jeter l'ancre à l'île du Prince, située en face du pays des Calbougas. Cette île, très-précieuse par sa position et le parti qu'on pourrait en tirer, est très-agréable, l'air y est pur, l'eau excellente ; elle est couverte d'orangers, de citronniers, de figuiers, d'ignames et de palmiers, dont la quantité est si considérable, qu'elle devrait faire donner au pays le nom d'*Ile aux cocotiers*. Une végétation aussi brillante, unie à des oiseaux superbes et à des fontaines limpides, en fait un lieu de délices. Là, PALISOT DE BEAUVOIS recouvra en partie la santé, et profita de cet heureux changement pour étudier le pays et enrichir ses collections. Après une relâche d'un mois, il fit voile sur Saint-Domingue, où il débarqua dans la rade du Cap-Français le 21 juin 1788 ; la traversée dura trois mois et demi : elle fut très-funeste aux Nègres qui faisaient partie du transport, et surtout à notre voyageur.

Je ne le montrerai point transporté à terre dans l'état le plus affligeant, n'offrant au chirurgien qui le recueille aucun espoir, et cependant rendu à toute la vigueur de sa bonne constitution après deux mois de soins généreux : je ne le suivrai point dans les courses nombreuses qu'il fit à pied dans toutes les parties de cette île, la plus belle, la plus fertile et la plus riche de toutes les Antilles, colligeant des plantes, des animaux et jusqu'à des instrumens et des fétiches des Caraïbes ses plus anciens habitans. Nommé successivement membre de la Société des

sciences et des arts du Cap-Français ; de l'Assemblée pro-
vinciale du Nord et de la deuxième Assemblée coloniale ;
enfin, élu conseiller au Conseil supérieur du Cap, il se fit
également distinguer par ses travaux, par son intégrité,
par son patriotisme comme savant et comme administra-
teur. Les secousses politiques dont la Colonie a été le
théâtre du moment que la révolution française y fut connue,
mirent de grands obstacles aux études favorites de Palisot
de Beauvois. Obligé de prendre part à la guerre terrible
des blancs et des noirs, il se prononça contre l'affran-
chissement de ceux-ci; il publia même, en 1790, un écrit
dans lequel, tout en s'élevant contre la traite que repous-
sent également la raison, la prudence, la justice éter-
nelle et même la politique, il improuve son abolition
comme intempestive. Il en accuse les Anglais qui, voyant
avec peine le haut degré de splendeur et de prospérité
des colonies, veulent arracher à la France, à l'Espagne
et au Portugal, les moyens de les conserver; s'emparer
du monopole général de leurs denrées, et s'établir en
maîtres sur les côtes de l'Afrique, comme ils l'ont fait sur
les plages de l'Inde ; il en accuse Wilberforce qui, le
premier, en 1788, se constitua l'appui des noirs ; il en
accuse ceux qui, oubliant les plus chers intérêts de la
patrie, consentent aux plans des Anglais, ses plus cruels
ennemis ; et ne voyent pas qu'ils abusent des principes
sacrés de la philantropie, non pas, comme les Danois (1),
pour défendre les droits de l'opprimé, mais pour détruire
les revenus de la France. Il consent bien à ce que la traite
soit prohibée, mais il veut qu'elle le soit partiellement

---

(1) Ils ont les premiers, en 1792, décrété l'abolition de
la traite.

et graduellement, en balançant, en conciliant les diverses convenances sociales, les intérêts des Colons et ceux de l'Africain lui-même que l'abolition subite exposerait à des maux incalculables (1).

Plus familiarisé avec les mystères de l'histoire naturelle qu'avec les lois d'une haute philosophie, PALISOT DE BEAUVOIS s'est laissé entraîner dans une erreur grave; elle fut plutôt un écart de son esprit, que celui de son cœur essentiellement bon, essentiellement généreux et ami de la liberté. Il ne calcula point les suites que pouvait avoir et qu'amena malheureusement la résistance des Colons à une loi de la mère-patrie. Une collection d'individus dont la direction, les intérêts et les passions varient sans cesse, ne peut ni ne doit jamais s'opposer à la volonté générale, dont la puissance est perpétuelle et régulière, dont l'énergie est incommensurable. Le spectacle hideux de l'esclavage sur la côte occidentale d'Afrique, avait donné à PALISOT DE BEAUVOIS, de fausses idées sur les Nègres. On ne peut pas juger sainement d'un être abruti par le plus dur servage; ses facultés engourdies le ravalent au rang des animaux les plus stupides, dont le sort est moins cruel. Délivrez-le du joug qui le dégrade sans cesse; qu'il connaisse la propriété, qu'il acquière les droits d'époux et de père; qu'il vive en un mot pour lui, pour les siens, et vous le verrez porter avec honneur les augustes traits de l'homme. Mais, parce que le Nègre est victime du despotisme le plus absolu sous la zône torride, parce qu'un trafic infâme

______

(1) En octobre 1814, il reproduisit les mêmes idées dans sa *Réfutation d'un écrit* (de M. CLARKSON) *intitulé : Résumé du témoignage.... touchant la traite des Nègres*; in-8°. de xvj et 56 pages. Paris, 1814.

sacrifie, dans la Nigritie et la Guinée, une population nombreuse à l'intérêt d'une ou deux castes à privilèges ; croit-
on être en droit d'exiger que les infortunés arrachés aux
plages qui les ont vus naître s'estiment heureux de passer
sous un autre ciel pour y cultiver la terre en esclaves,
pour y être condamnés à servir les caprices d'un blanc
perdu dans la mollesse ? Et parce que l'abandon de la
traite pourrait généraliser chez les Africains, l'horrible
pratique d'immoler en holocauste les esclaves et les prisonniers, faut-il sur cette conjecture aller les conduire
aux Antilles pour y subir un autre joug ? Calculer ainsi,
c'est outrager à-la-fois et la raison et les sentimens naturels. Si PALISOT DE BEAUVOIS eût eu le temps de réfléchir,
il n'aurait pas publié cet écrit ; mais il fut entraîné par les
événemens qui se pressaient, par les fonctions publiques
qu'il avait peut-être trop légèrement acceptées, et par
quelques considérations qu'il lui appartenait plus qu'à
tout autre de mépriser. Envoyé à Philadelphie, le 16 octobre 1791, en qualité de Commissaire de l'Assemblée
coloniale, pour implorer contre les noirs les secours des
États de l'Union, il remplit sa mission qui n'eut pas le
succès qu'attendaient ses commettans, et reparût à Saint-
Domingue, le 24 juin 1793, pour être témoin du mas-
sacre des blancs, de l'incendie de leurs habitations, de
la perte irréparable de ses collections, de ses manuscrits,
et du délire des noirs qui se livraient à des excès inouïs.
Arrêté, traîné en prison, il allait subir le sort de ses
amis, lorsqu'une mulâtresse, en faveur de laquelle il
avait précédemment rompu les fers de l'esclavage, parle
pour lui, demande et obtient comme une grâce spéciale
qu'il soit déporté aux États-Unis. Ainsi, au moment même
où ses efforts tendaient à établir que les Nègres ne sau-

raient qu'abuser de la liberté, une femme n'en use que pour lui sauver la vie, et protéger son départ qui s'effectua le 19 juillet : réfutation admirable d'une erreur dans laquelle son ame généreuse ne tomba sans doute qu'entraînée par une sorte de fatalité.

De retour à Philadelphie, le 4 août 1793, n'ayant pour tout bien que quelques hardes et cinq gourdes (environ 25 fr.), Palisot de Beauvois voulut faire voile sur la France; mais, ô coup de foudre! les portes de la patrie ne peuvent s'ouvrir pour lui; son nom est inscrit sur la liste des émigrés, tous ses biens sont sous le séquestre; en vain il s'adresse à sa famille et aux agens auxquels il remit ses intérêts financiers en partant; tout le monde l'abandonne. Trop fier pour accepter les secours que la République américaine offrait au malheur; trop juste, trop religieux envers l'amitié pour tomber à la charge de ceux qui l'avaient connu dans l'aisance, il supporta l'infortune avec ce noble courage qui ne laisse pas apercevoir les privations, et se créa des ressources en tirant parti de ses talens. On le vit donner le jour des leçons de langue latine et de langue française, et le soir, rendu au théâtre, se mêler, pour un modique salaire, parmi les artistes de la musique : tantôt embouchant le cor, tantôt jouant du basson, instrumens qu'il maniait dans la plus rare perfection. Les instans de loisir que ce genre d'occupations lui laissait parfois, il les employait à faire des petits herbiers et des tableaux d'insectes. Pendant deux années il pourvut de la sorte à ses besoins; ses moyens pécuniaires s'accrurent du moment qu'il se vit chargé de disposer, de soigner et d'enrichir le musée de M. Peal, amateur distingué des productions de la nature (1). Bientôt il se trouva en état de donner suite à ses doctes recherches, et de faire, à ses frais, un voyage dans l'intérieur des États-Unis.

A cette époque M. ADET, chimiste distingué, débarquait à Philadelphie avec le titre de ministre de France. A peine instruit de l'entreprise de PALISOT DE BEAUVOIS, il court chez lui, l'encourage et veut y associer la patrie, en lui offrant, en son nom, les moyens d'étendre ses recherches. Les hommes qui cultivent les sciences s'entendent aisément; au premier abord, une bienveillance réciproque les unit; et pour être amis, ils n'ont pas besoin des épreuves du temps.

PALISOT DE BEAUVOIS se met en route, et pendant trois années il parcourt à pied les Etats de l'Union, du nord au sud, depuis l'embouchure de la rivière d'Hudson, jusqu'à Savannah, où l'hiver est regardé comme la saison la plus agréable de l'année; et de l'est à l'ouest, depuis les bords de la mer jusqu'à l'Ohio, derrière cette double chaîne de montagnes que l'on suppose être une continuation des Andès, et que l'on apelle les monts Apalaches, Alléghanys et montagnes Bleues. Des richesses de tous les genres lui présentent à chaque pas un vaste champ d'observations; ses yeux lui suffisent à peine; ici, des animaux particuliers au sol, des minéraux de toutes les sortes, et des plantes d'une végétation extraordinaire; là, des cascades gigantesques, des cours d'eau dont le vo-

---

(1) Ce musée est très-considérable; on y voit un grand nombre d'animaux et d'oiseaux empaillés; presque tous les costumes, armes et instrumens des indigènes; une riche suite de minéraux, et un squelette entier du mammouth, trouvé en 1801, près des sources du Missouri.

lume étonne l'imagination , des ponts naturels , des pré-
cipices et des ravines où sont entassés des débris fossiles
d'animaux marins (1) , et des coquillages de toute espèce ;
partout des traces non équivoques des vieilles révolutions
que le globe a subies , des ruines antiques superposées
sur des débris plus anciens, et cachées elles-mêmes sous
des ruines d'un âge plus récent, qui ne tarderont pas à
servir de lit aux monumens de la nature et des arts que
nous admirons.

Près de Philadelphie et de Willmington, entre Port-
Growe et Reading (État de Pensylvanie) , il reconnut sur
le bord des eaux courantes , et même dans l'eau , une
plante nouvelle appartenant au genre *Heterandra* de
Ruiz et Pavon (2) ; il l'a nommée *heterandra renifor-
mis* (3) , et s'est assuré que les bestiaux la recherchent
et la mangent avec sensualité. Cette plante est rampante ,
munie de feuilles en cœur et très-voisine du pontedère.

––––––––––

(1) Dans le nombre , Palisot de Beauvois avait surtout remarqué des dents de requin portant treize centimètres (5 pouces) de long. Quand on pense qu'un de ces
animaux a pu avoir 144 dents pareilles, nombre ordinaire
de celles qui garnissent, sur plusieurs rangées, la bouche
du requin, on est effrayé de la grandeur prodigieuse et
des masses d'êtres qu'il a fallu pour satisfaire la voracité
d'un animal pareil.

(2) *Prodromus floræ peruvianæ* , pag. 9. Pl. II.
Fig. 2.

(3) *Memoir on the subject of a new plant, growing
in Pensylvania, particulary in the vicinity of Philadelphia,* lu le 21 août 1795 , et inséré dans le tom. IV,
pag. 173 - 177, et fig. des *Transactions of the American philos. Soc. Philad.*

(36)

Dans l'État de New-Yorck, il remarqua le double-dent (*lepus americanus*), espèce de lapin à oreilles courtes, qui ne se creuse point de terrier et vit indistinctement dans les plaines et dans les bois (1) ; sa chair est blanche comme celle du lapin, généralement assez tendre, mais peu savoureuse. La femelle met-bas deux petits à chaque portée ; la première a lieu en janvier, la seconde en juin ou juillet. Cette espèce que des naturalistes réunissent au pika-tapeti du Brésil, en est bien distincte ; par l'examen de la tête des lapins et des lièvres, les différences ostéologiques, qui existent principalement dans l'élévation et l'épaisseur de l'apophyse orbitaire, la place du double-dent d'Amérique est intermédiaire entre les deux espèces.

Dans le comté de New-Kent, en Virginie, où il a découvert beaucoup de débris de cétacées et de poissons, il s'est assuré que le renard gris de la Virginie (*canis virginianus*, comme l'apelle LINNÉ et *canis cinereo-argenteus* de GMELIN) n'est pas une variété du renard d'Europe, quoiqu'il ait avec lui des ressemblances de taille et de forme ; mais bien une espèce très-distincte. Il vit dans le creux des vieux arbres et quelquefois dans les terriers (2).

---

(1) Mémoire inédit, lu à l'Institut le 16 pluviose an VIII (5 février 1800).

(2) Mémoire inédit, lu à l'Institut à la même séance du 16 pluviose an VIII. Voy. le *Bulletin de la Société Philomatique de Paris*, n°. 42, fructidor an VIII. Pour les recherches de cette nature, PALISOT DE BEAUVOIS avait, en 1800, imaginé un instrument commode pour indiquer les proportions respectives des crânes des divers quadrupèdes : quelques naturalistes en font usage.

Aux environs de Salisbury, dans la Caroline du Nord, non loin de la rivière Catawba, il examine le premier et décrit avec exactitude une agrégation régulière et symétrique de roches basaltiques ou du moins qui en offrent toutes les apparences (1). Les indigènes lui donnent le nom de mur naturel (*natural wall*); il est placé dans un monticule de quartz et de sable, au pied duquel un ruisseau promène ses ondes paisibles. Sa longueur est de cent mètres, et sa profondeur hors de terre, où il s'enfonce, est de quatre mètres ; toutes ses parties sont unies par une espèce de ciment qui donne aux roches quadrangulaires dont il est formé l'aspect réel d'une muraille (2). Ce monument des âges perdus dans la nuit des siècles est d'autant plus extraordinaire, qu'il est isolé (3), et qu'on ne trouve aucune sorte de basalte, aucun vestige de volcan dans toute l'Amérique septentrionale.

Les marécages voisins de la ville de Wilmington

---

(1) Elles en ont la couleur et la cassure ; mais les connaissances des minéralogistes sont encore trop récentes pour établir une distinction réelle entre les basaltes proprement dits et les autres substances qui leur ressemblent.

(2) On en trouvera la description dans les *Mémoires de l'Institut*, Académie des Sciences, vol. de 1818, pag. 109-119, et dans la *Description des États-Unis de l'Amérique septentrionale*, par D. B. WARDEN, tom. I, pag. 80-89.

(3) Depuis 1800, on en a découvert un autre pareil à six ou huit milles du premier. Il lui ressemble en tous points ; mais il n'a que treize décimètres de long sur seize de hauteur (4 à 5 pieds). Son épaisseur a seulement 18 centimètres (7 pouces). Voyez à ce sujet le *Médical repository* de New-Yorck, IVe vol., pag. 227.

(même État) lui ont facilité les moyens de faire quelques observations curieuses sur l'extrême irritabilité de l'attrape-mouche (*dionæa muscipula*), dont les feuilles radicales un peu charnues, bordées de longs cils épineux se contractent, se plient, se serrent de manière à servir de tombeau à l'insecte imprudent venu dans son sein pour y recueillir la liqueur sucrée qu'elle distille. Cette plante abonde tellement auprès de Wilmington, qu'elle y paraît exclusive, et si l'on en rencontre parfois dans les endroits bourbeux et inondés de la Géorgie, de la Caroline du sud et de la Virginie, elle y est toujours rare et comme importée. L'irritabilité de la dionée devenant nulle lorsque la fructification est entièrement terminée, notre voyageur en conclut qu'elle est due à une force interne qui n'est point connue, et qui se lie étroitement au mouvement de la sève et à l'entretien de la vie végétale (1).

Auprès de Charleston, dans la Caroline du sud, il a reconnu, sur les bords de la Santé, des os et des dents de l'éléphant que l'on ne trouve plus qu'aux Indes-Orientales ; ils gisaient au-dessus d'un grand banc de coquillages fossiles, parmi lesquels se rencontrent des huîtres très-épaisses, circulaires, et de 18 à 21 centimètres (7 à 8 pouces) de diamètre. Ils avaient été mis à découvert par le débordement extraordinaire du mois de janvier 1796, qui éleva tout-à-coup les eaux de la rivière à dix mètres ou 30 pieds au-dessus de leur niveau accoutumé (2).

----

(1) Notes recueillies dans le journal inédit de ses Voyages en Amérique.

(2) Mémoire inédit lu à l'Institut le 6 frimaire an VIII, ou 27 novembre 1799.

Sur les hauteurs bien boisées du district de Pendleton (même État) et au milieu des hydrangées (*hydrangea arborescens*, L.), des palmistes (*chamærops humilis*), des tulipiers (*liriodendron tulipifera*), des pavies (*æsculus pavia*) et des bignones toujours vertes (*bignonia cœrulea*), il a recueilli deux espèces nouvelles de lobélies, le *lobelia appendiculata* aux fleurs d'un bleu pâle, et le *lobelia tenuis* qui est fort joli (1) ; le *solenandria cordifolia*, très - belle bruyère aux petites fleurs d'un blanc pur, qui se plaît sur les points les plus élevés (2) ; le *pleurogonis*, arbrisseau à racine odorante et à drupe pyriforme dont l'amande fournit une huile bonne à manger, et le *trichospermum* (3) qu'on a, depuis les rectifications d'ORTEGA et de CAVANILLES, rendu au genre parthénie, dont PALISOT DE BEAUVOIS l'avait détaché d'après des caractères faussement attribués au *parthenium hysterophorum*.

Dans les lieux mondés des deux Carolines, il a découvert, sous les troncs d'arbres abattus, une nouvelle espèce de sirène qu'il nomme *operculée* (4) ; mais, depuis

---

(1) Mémoire inédit lu à l'Institut le 16 frimaire an VII (6 décembre 1798).

(2) Elle est décrite et figurée dans le *Jardin de la Malmaison*, par VENTENAT, p. 169, pl. LXIX.

(3) Mémoire inédit lu à l'Institut le 26 pluviose an VII (14 février 1799).

(4) *Memoir on a new species of Siren*, lu à la Société de Philadelphie le 19 février 1796, et inséré dans le IV°. vol. de ses actes, pag. 277 à 279. D'après la description qu'en a donnée M. CUVIER, la *siren lacertina* ressemble aux larves des salamandres, par ses branchies visibles

qu'elle a été trouvée également dans les lacs du Mexique et rapprochée de la grande salamandre des monts Alléghanys, il paraît certain que cet animal intermédiaire n'est que l'axolotl ou larve d'une grosse espèce de salamandre.

Parvenu dans les marais salins du Kentucky, à très-peu de profondeur en terre, sur l'une et l'autre rive de l'Ohio, il a ramassé plusieurs grosses dents molaires très-bien conservées, et deux mâchoires inférieures de ce colosse animal que l'on nomme vulgairement *mammouth* et que les naturalistes appellent avec M. Cuvier

---

au-dehors et par toute sa forme, mais elle n'a que deux pattes. Linné en avait fait un ordre à part (*amphibia mcantes*). D'autres naturalistes la regardèrent comme une simple arve, et la rayèrent entièrement du système des animaux. — Camper la déclara un poisson, et cette opinion fut adoptée par Gmelin, qui l'a placée auprès des anguilles, sous le nom de *muræna siren*. Cependant c'est un véritable reptile; ses pattes sont de vraies pattes composées d'humérus, de radius, de cubitus, et de tous les autres os et muscles qui appartiennent à des pattes, et n'ont aucun rapport avec des nageoires : la langue est osseuse, et porte, comme celle des poissons, de chaque côté, quatre osselets demi-circulaires pour soutenir les branchies ; mais au milieu de cette langue de poisson, est un vrai larynx de reptile, qui conduit dans des poumons très-longs, et semblables à ceux des salamandres. Le reste des intestins ressemble aussi beaucoup à ceux de ces reptiles. Palisot de Beauvois croit que cet animal ne change pas de forme, ce qui le ferait soupçonner amphibie; en effet, il réunit en même temps les organes propres à respirer l'eau et ceux propres à respirer l'air.

le grand mastodonte ou *mastodon giganteum*. En examinant ces dernières, il s'est assuré qu'elles n'ont pas
été exactement décrites. En effet, au lieu de quatre et
même six dents molaires de chaque côté de la mâchoire,
comme on le suppose, la mâchoire inférieure n'en porte
que deux de chaque côté, savoir : la plus intérieure à
huit pointes mousses, et la plus extérieure à six seulement. Elle est privée d'incisives, mais une observation
importante, échappée jusqu'à lui à tous les voyageurs,
c'est que, vers l'extrémité antérieure des branches des
os maxillaires, se trouve de chaque côté, à quelque dis-
tance des molaires, une cavité très-petite et peu profonde qui paraît avoir été occupée par une très-petite
dent canine (1). Ce fait achève de détruire l'opinion de
PENNANT, qui regardait le mammouth comme un éléphant plus grand que ceux connus de nos jours. Une
autre remarque non moins étonnante, c'est que parmi
les mâchoires ramassées jusqu'ici, il ne s'en est pas encore trouvé une seule supérieure. Cet animal, habitant
des terrains mous et marécageux, portait des défenses
courbes, pointues, et longues de 32 décimètres ou 10
pieds, et se nourrissait, à peu près comme l'hippopotame
et le sanglier, de racines et autres parties charnues des
végétaux.

Traversant ensuite le comté de Green-Briar, situé à
l'ouest de la Virginie, PALISOT DE BEAUVOIS voulut vi-

---

(1) *Mémoire sur divers ossemens d'animaux trou-
vés dans l'Amérique septentrionale*, lu à l'Institut le
6 frimaire an VIII (27 novembre 1799). Cette observation
est citée par M. CUVIER, dans ses *Animaux fossiles*,
tom. II, art. Mastodonte.

siter les grandes cavernes nitreuses, et réunir à sa belle collection de fossiles, des ossemens de l'animal trois fois plus gros que les plus forts lions de l'Afrique, que, quelques temps auparavant, l'illustre Jefferson y avait découverts, auquel il avait donné le nom de *megalonyx*, et qu'il estimait avoir été l'ennemi du mammouth, comme le lion l'est de l'éléphant. Il réussit à se procurer un petit os du poignet et une dent à racine non branchue, terminée par une couronne creusée à la manière des incisives du cheval. Cette dent qu'il soupçonne être une molaire, est déprimée sur les deux faces; elle prouve 1°. que le mégalonyx n'appartient pas aux animaux carnassiers, 2°. qu'il se rapproche beaucoup, comme l'estime M. Cuvier, du genre des paresseux ou *bradipus*, 3°. qu'il était herbivore, et voisin du megatherium, dont les griffes, assez semblables à celles des lions, étaient enveloppées dans une gaine osseuse et très-saillante (1).

Toutes ces observations annoncent le soin que notre voyageur mettait à bien voir; mais les plus capitales sont celles qui ont rapport aux serpens. Elles ont jeté un grand jour sur leurs mœurs, l'espèce de nourriture qui leur est propre, et sur la place qu'ils doivent occuper dans nos classifications (2). L'Amérique du Nord en présente un très - grand nombre; c'est surtout dans le

---

(1) Cuvier, *Recherches sur les ossemens fossiles des quadrupèdes*, tom. IV, art. mégalonyx.

(2) *Memoir on amphibia*, lu à l'Académie de Philadelphie en février 1797, et inséré dans les *Transactions of the philosophical Society held at Philadelphia*, tom. IV, pag. 362-381. Il a été lu à l'Institut les 16 vendémiaire et 16 frimaire an VII (7 octobre et 6 décembre 1798).

New-Jersey qu'abonde le boiquira ou serpent à sonnettes (*crotalus horridus*, L.) ; c'est là que Palisot de
Beauvois prit à la main, en février 1797, les trois individus que nous avons vu vivans au Muséum d'histoire
naturelle de Paris (1). Ce reptile si redoutable s'engour-
dit, se pelotonne et demeure sans mouvement pendant
l'hiver ; aux approches du printemps, il s'étend au soleil, fait résonner les grelots de sa queue, et remplit l'air
de ses sifflemens prolongés. Il rampe très-lentement ;
jamais il n'attaque les animaux dont il ne se repaît pas
habituellement ; son caractère est doux et pacifique ; on
ne le voit se servir de sa force que pour se défendre et
pourvoir à ses besoins. Sa morsure n'est mortelle que
pendant les grandes chaleurs. Le boiquira recherche les
lieux voisins des eaux de source, et lorsque les fortes gelées arrivent, il se réfugie de préférence sous les gazons
arrondis et très-épais de la sphaigne des marais (*spha-
gnum palustre*), espèce de mousse dont les tiges portent
28 à 32 centimètres (10 à 12 pouces) d'élévation, et sous
lesquelles le froid pénètre très-difficilement (2). Au moin-
dre danger, la femelle du boiquira récèle dans sa bouche
ses petits dont le nombre varie d'un à cinq, ce qui l'avait

---

(1) Ils ont été rapportés en France par M. Adet ; ils
y ont vécu quelque temps ; ils sont maintenant exposés
dans les galeries du Muséum.

(2) Cette observation peut tourner au profit de l'agriculture ; elle nous indique les moyens d'employer le *spha-
gnum palustre*, qui est très-commun dans les lieux
marécageux, de préférence à toute autre mousse, comme
un préservatif contre la gelée, pour conserver exposés des
plantes délicates et sujètes à souffrir du froid.

fait accuser de les dévorer. Ce dernier fait est d'autant plus étonnant qu'il paraît en opposition avec les principes de la physiologie animale sur la respiration , et avec les mœurs des serpens qui tous abandonnent leur progéniture au moment même de la naissance. Cependant on ne peut en douter jusqu'à ce que des observations nouvelles viennent détruire celles d'un savant qui le premier a parfaitement parlé des boiquiras , qui les a distingués et reconnus être , comme les vipères , ovovivipares.

Outre ces détails curieux , PALISOT DE BEAUVOIS a fait remarquer aux naturalistes de l'un et l'autre hémisphère , une nouvelle espèce de serpent à sonnettes , jusqu'alors confondue avec le boiquira , le crotale à losange (*crotalus rhombeus*) , qui se nourrit de lapins , d'écureuils , de rats et de petits oiseaux ; sa tête est courte, son corps d'un gris jaunâtre en dessus , avec deux raies en zig-zag , d'un brun rougeâtre , le long du dos , formant par leurs angles une suite de losanges : sa morsure est très-dangereuse en juillet , août et septembre (1).

Il avait proposé de séparer du genre des couleuvres , le nez-plat qui a la tête triangulaire et la mâchoire supérieure , armée de deux dents plus longues que les autres , et auquel il avait imposé le nom de *heterodon platirhinos* (2) ; mais les naturalistes n'ont pas cru devoir regarder

---

(1) Il l'a décrit et dessiné dans le IVe vol. , pag. 377 des *Transactions of the American philosophical Society of Philadelphia.*

(2) *Second Mémoire sur les serpens ,* lu à l'Institut le 16 frimaire an VII (le 6 décembre 1798). Voy. le tom. IV , pag. 32-37 de l'*Histoire nat. des reptiles ,* du Buffon in-18 , imprimé à Paris en l'an X (1801).

ces caractères comme assez importans pour créer un nouveau genre. La couleuvre nez-plat est appelée cannelée;
elle se trouve auprès de Philadelphie et dans les deux
Carolines. •

En examinant les serpens, il a été naturellement
amené à s'occuper de ce qu'on appelle *la fascination*.
Cette sorte de phénomène lui paraît due, non-seulement
à l'impression de frayeur dont tout animal est saisi à l'aspect imprévu d'un hideux reptile, et que son immobilité,
la constante fixité de ses yeux, ses sifflemens et sa gueule
béante, rendent encore plus cruelle, plus profonde; mais il
l'attribue aussi à l'odeur forte et nauséabonde qui s'échappe
du corps du reptile (1). Cette atmosphère plus ou moins
ammoniaco-putride, est connue des indigènes et des Nègres, et leur facilite les moyens d'éviter le danger. Elle l'est
sans doute aussi des oiseaux, des lapins et autres victimes
des serpens; mais une fois épouvantés par la vue de leur
ennemi, asphyxiés, pour ainsi dire, par l'atmosphère
pénétrante qu'il répand, ils ne peuvent plus fuir, ils
finissent par s'approcher et par devenir la proie d'un
malheur attaché à leur existence.

Partout dans les différens Etats de l'Amérique septentrionale, Palisot de Beauvois reçut l'accueil le plus cor-
dial. L'Académie de Philadelphie voulut le compter
parmi ses membres; tous les savans recherchaient son
amitié, mettaient à profit ses connaissances étendues

---

(1) *Mémoire sur les serpens*, inséré dans l'*Histoire
naturelle des reptiles*, tom. III, pag. 63-92, publié
par Sonnini et Latreille, pour faire suite au Buffon in-18,
cité il y a peu d'instans.

dans les deux règnes organisés de la nature ; ils prenaient plaisir à l'écouter, à suivre ses observations, à adopter ses opinions. Dans les lieux écartés des bords de la mer, où les hôtelleries ne se rencontrent plus, des colonels, des officiers de tout grade de la milice nationale, tous ayant servi glorieusement dans la guerre de l'indépendance lui ouvraient leurs habitations, lui accordaient l'hospitalité la plus franche, et l'aidaient dans ses utiles recherches. Partout il était fêté, partout son inquiète curiosité interrogeait, sollicitait la nature dont il voulait démêler les lois éternelles, dont il travaillait sans cesse à soulever le voile : rien n'échappait à ses investigations hardies. Ses courses, ses travaux furent souvent accompagnés de fatigues et de dangers, mais il en fut amplement dédommagé par les nombreux et intéressans sujets d'observations qu'il rencontrait à chaque pas.

Après avoir visité les nations civilisées, il descendit chez les peuplades encore sauvages qui habitent les rives de l'Alabama, du Tombecby, de l'Oconnée et de l'Oakumdgée, à l'est du Mississipi. Il demeura plusieurs mois de suite chez les Creeks et les Tcherlokys ou Cherokees ; il vécut avec eux dans l'intimité ; aussi ses tablettes sont-elles chargées de notes intéressantes qu'il est bon de recueillir.

Ces nations sont rangées sous le gouvernement d'un chef suprême, élu entre les vieillards les plus distingués par leur expérience, leur sagesse et les services rendus ; son autorité est nulle sans le concours des autres vieillards qui régissent les familles et ont sous leurs ordres, comme chefs militaires, des jeunes gens braves et qui ont fait preuve de talens. Tous les crimes sont punis par la peine du talion. Le maïs est leur principale nourriture ;

ils en font du pain qu'ils ont l'art de varier en y mêlant des haricots ou du giraumont (*pepo oblongus*), des pistaches de terre (*arachis hypogea*), des patates douces (*convolvulus batatas*) ou des châtaignes. Ils font aussi avec les grains du maïs une boisson aigre et très-désagréable. Les moyens qu'ils emploient pour la culture et l'usage de cette plante précieuse offrent des détails curieux, puisqu'ils se rattachent aux mœurs.

A l'époque des semailles et des récoltes, toutes les femmes d'un canton se réunissent chez le chef qui les conduit successivement sur les différens terrains que chaque famille a choisis et préparés, et dont l'étendue est toujours proportionnée au nombre des personnes qui la composent. Indépendamment des terrains, ainsi cultivés en commun, il est libre à chaque famille d'avoir d'autres champs ou jardins particuliers, mais ils ne sont point placés sous la sauve-garde publique. Les terres en commun ne sont jamais pillées ; les autres le sont au contraire presque toujours.

Les femmes sont non-seulement chargées de tous les travaux de culture, elles sont encore obligées chaque jour d'écraser à plusieurs reprises et pendant des heures entières, la quantité de maïs nécessaire à la consommation de la famille. Cette opération se fait dans un mortier de bois à l'aide d'un bâton terminé par une espèce de masse. La farine se passe dans des paniers qui servent de tamis, et lorsque le pain est cuit, celles qui l'ont préparé n'ont pas même la satisfaction de le manger en compagnie des hommes qu'elles sont obligées de servir. Pendant qu'elles s'exténuent de la sorte, les hommes, sont toute la journée nonchalamment couchés sur une natte ou sur une peau de cerf ou d'ours, occupés à dormir, à fumer du tabac mêlé avec des feuilles de sumac-lentisque (*rhus copallinum*), légèrement grillées, ou bien à souffler dans une flûte, pendant des heures entières, cet air composé uniquement de six notes :

Durant l'hiver, ils font la chasse, et lorsqu'ils reviennent chargés de butin, ils le jettent, sans mot dire, aux pieds des femmes qui doivent dépécer les animaux, cuire les viandes, extraire les graisses, surtout celle d'ours, et étendre les peaux pour les faire sécher.

Les Creeks et les Cherokees font usage de la racine de spirée à feuilles ternées (*spiræa trifoliata*), contre toutes les maladies ; ce remède est violent, il est en même temps vomitif et purgatif, se prend après un bain de rivière et une forte décoction de verge d'or à odeur de fenouil (*solidago odora*), quelles que soient les époques ou la violence du mal. Contre la morsure des serpens ou autres bêtes venimeuses, ainsi que contre l'hydrophobie, d'ailleurs assez rare, ils ont recours à l'écorce du tulipier, à la racine très-laiteuse de la prénante blanche (*prenanthes alba*), et aux feuilles de toutes les espèces d'euphorbes.

Là, comme partout ailleurs, la coquetterie est un besoin pour les femmes ; elles portent un nombre indéterminé de petites agraffes en argent avec lesquelles elles relèvent leur chemise de mille manières et entrelacent dans ses plis les longues tresses de leurs cheveux noirs. Elles garnissent le bord extérieur de leurs oreilles de 7 à 9 petits anneaux ; quelquefois, mais plus rarement que les hommes, elles en mettent aux narines et aux lèvres ;

enfin elles masquent leur figure assez régulière avec du vermillon et du noir. C'est par ces agrémens empruntés qu'elles cherchent à plaire, et lorsqu'elles sont malheureuses en amour, ou victimes d'une faiblesse, elles se délivrent de la vie en mangeant des racines de spirée-barbe de bouc (*spiræa aruncus.*)

De retour à Philadelphie, PALISOT DE BEAUVOIS mettait ordre à ses nombreuses collections de plantes, d'insectes, d'animaux, de fossiles (1); il se disposait à traverser le pays des Miamis et des Illinois, pour entrer dans le territoire du Missouri et, de là, pénétrer chez les tribus guerrières des Osages et des Arkansas, quand il apprit sa radiation de la liste des émigrés, et reçut de France des passeports pour y rentrer. La voix de la patrie fut sacrée pour son cœur essentiellement français; dans sa joie, il oublie ses projets, et le 17 juillet 1798, il s'embarque, laissant en Amérique des souvenirs honorables de sa présence. La traversée dura 35 jours, enfin, après plus de douze ans d'une absence involontaire, il entre à Bordeaux et salue par ses larmes le sol auguste de la patrie, ce sol qu'il ne cessa de chérir, d'honorer, et après lequel il soupira si long-temps.

Hélas! de nouveaux chagrins, plus cuisans que ceux qu'il avait éprouvés jusqu'alors, l'y attendaient. Sa fortune dilapidée par des agens infidèles, par les événemens politiques, par les emprunts qu'il avait faits en pays

____

(1) Il a rapporté du nouveau Continent quelques minéraux, beaucoup de fossiles, entr'autres l'organe osseux de l'oreille d'une baleine, de nombreux coquillages, 200 oiseaux, 2 tortues nouvelles, 3 serpens inconnus, 2 à 3,000 insectes, et une quantité prodigieuse de plantes.

étrangers, le jeta dans un dédale d'affaires qui troublèrent son repos et lui ôtèrent tout espoir de consolations. Un malheur plus grand encore fut la nécessité où il crut se trouver de provoquer la dissolution de son mariage , et les arrangemens de famille , qui naissent d'une telle dé-marche , le contraignirent à vendre la partie de ses biens qui avait jusque là échappé , comme par miracle , aux mains des déprédateurs. Il se réfugia ensuite dans les bras de l'étude, qui le rendit bientôt à la paix , et à son caractère. Le bonheur qu'il avait su se créer au sein même de l'isolement , s'accrut plus tard par une seconde union , dans la compagnie d'une femme non moins ai-mable que vertueuse.

Quand il revint en France , PALISOT DE BEAUVOIS trouva que la botanique avait fait de grandes acquisitions, qu'elle s'était enrichie de flores nouvelles , de monographies intéressantes , d'ouvrages nombreux ; les plantes placées sur les limites du règne végétal et du règne animal qui fixèrent ses premières études, avaient attiré l'attention des botanistes , les uns profitant de ses découvertes sans lui en rendre hommage , les autres adoptant l'opinion du célèbre HEDWIG , ou suivant les erreurs de MÉDICUS, de Manheim , qui estime les champignons être le résultat d'une décomposition de la moëlle et du suc des plantes, changés de nature au moyen d'une certaine quantité d'eau et de chaleur, en d'autres termes, une simple cristallisation végétale (1). D'un autre côté, GOERTNER

____

(1) PALISOT DE BEAUVOIS avait combattu le système de MÉDICUS dans une lettre écrite de Saint-Domingue, le 2 juillet 1789, et insérée dans le *Journal de Physique* de février 1790, tom. XXXVI, pag. 81-95.

(51)

avait imaginé son système complet de carpologie, à l'aide
duquel les plantes sont rangées d'après leurs fruits ;
LINK et REICHEL, RUDOLPHI, SPRENGEL, BILDERDYCK,
s'occupaient de la physiologie qui naît du développement
des organes et de leurs fonctions respectives ; DUPETIT-
THOUARS publiait de nouvelles théories sur les bourgeons ;
RICHARD soumettait les fruits à une analyse rigoureuse.
PALISOT DE BEAUVOIS ne pouvait ni ne devait demeurer
étranger à cette marche triomphale de la science, il
reprit ses travaux sur les cryptogames, et comme pour
se délasser de cette étude microscopique, il entreprit de
publier sous le titre de *Flore d'Oware et de Benin* (1),
et sous celui d'*Insectes recueillis en Afrique et en
Amérique* (2), les plantes et les insectes qu'il avait observés sur les côtes de la Guinée, à Haïti et dans les Etats
de l'Union.

Quoique je sois loin d'approuver ces ouvrages, où
par un luxe de gravure et de typographie, l'on porte
atteinte à la science à cause du prix excessif qu'on est
obligé d'y mettre, et du peu de profit que les professeurs
et leurs adeptes en tirent, je dois donner des éloges à la

(1) Deux volumes in-folio, de xij et 200 pages avec 120
planches gravées. Paris, 1804-1821. Cet ouvrage, qui devait avoir au moins XXIV livraisons, a été clos avec la
vingtième. Le prix est de 400 francs figures coloriées.

(2) Un volume in-folio de xvj et 276 pages, avec 90
planches coloriées. Cet ouvrage, commencé en 1805, devait avoir au moins XXX livraisons ; PALISOT DE BEAUVOIS
en a publié quatorze, la quinzième, rédigée d'après ses
manuscrits, par M. AUDINET-SERVILLE, a paru en 1821.
Elle termine cette belle collection, dont le prix est de vingt
francs la livraison.

Flore d'Oware et de Benin. Elle contient une description et une figure exactes de tous les genres nouveaux et de toutes les espèces nouvelles recueillis sur les plages africaines, unies à des réflexions et discussions importantes relatives à l'organisation particulière, aux usages que l'on fait de la plante et aux moyens à suivre pour l'acclimater en Europe, surtout dans notre patrie, quand elle peut être utile à l'homme ou bien aux animaux associés à ses cultures. Sous le rapport de la science, cet ouvrage fournit, par les découvertes qu'il renferme, des données jusqu'alors non aperçues pour compléter les familles établies, pour imposer aux genres des caractères certains, des caractères fixes et pour remplir les lacunes encore existantes dans les affinités.

Les *Insectes*, qui sont une suite nécessaire de la Flore, ne méritent pas moins d'intérêt par les détails qu'ils fournissent aux entomologistes sur les mœurs, les habitudes et les organes de ces petits animaux, sur l'utilité ou la malfaisance des uns, sur la beauté, la vivacité et la variété de couleurs dont la nature a paré toutes les parties des autres, et sur les étonnantes, les singulières métamorphosés que tous subissent dans le court espace qui s'écoule de leur naissance à leur mort.

C'est ici le moment de rappeler une méthode de classification pour les insectes, que PALISOT DE BEAUVOIS soumit, en 1789, à la Société des sciences et arts du Cap-Français. Quoiqu'elle n'ait pas obtenu l'assentiment de la généralité des naturalistes, je la crois bonne, simple et très-naturelle, du moins pour les caractères généraux des ordres qui tendent à rapprocher les analogues de leurs types (1). Les entomologistes ont adopté le genre

---

(1) Il adopte les trois grandes classes de GEOFFROI, qu'il

atractocère qu'il a proposé, en 1801, d'établir dans l'ordre des coléoptères (1). Ce genre est voisin des lymexylons, distinct des nycédales, et se rapproche beaucoup des staphylins (2).

---

divise, savoir : 1°. les tétraptères sous-divisés en *élytrés*, ou à ailes supérieures coriaces ; en *hyménélytrés*, à ailes supérieures membraneuses ; en *hémélytrés*, à ailes supérieures demi-coriaces et demi-membraneuses ; en *tépidoptères*, à ailes pulvérulentes, écailleuses ; en *neuroptères*, à ailes nues égales, et en *hyménioptères* à ailes nues inégales ; 2°. les diptères sous-divisés en *ptérigyoptères* à ailes à ailerons, et en *aploptères* à ailes simples sans ailerons ; 3°. et les aptères sous-divisés en *diommatés* à deux yeux, et en *polyommatés* à plus de deux yeux. Les deux ordres d'aptères sont ensuite sous-divisés d'après le nombre des pieds.

(1) Mémoire inédit lu à l'Institut le 16 thermidor an IX (le 4 août 1801). Le mot atractocère est emprunté du grec ἄτρακτος, *fuseau*, et κέρας, *corne*.

(2) Comme l'insecte qui a servi de texte à ce genre n'est point décrit dans la collection des insectes d'Afrique, que Palisot de Beauvois a publiés, je crois devoir en donner ici tous les caractères : il a cinq articles à tous les tarses, et appartient à la première section de l'ordre des coléoptères. Sa tête est ovale, armée d'antennes en fuseau, et insérées au-devant des yeux ; les palpes maxillaires sont longs, composés de quatre articles, pectinés et barbus sur les côtés ; les palpes postérieurs sont plus courts et composés de trois articles, dont le dernier est très-grand, ovale, arqué et velu en-dedans ; les mâchoires sont très-courtes et terminées par un lobe arrondi, garni de poils ; les yeux sont très-grands et occupent presque toute la tête ; le corselet est oblong, convexe, les élytres

Le souvenir de ses anciens travaux présentés à l'Académie des sciences de Paris et à celle de Philadelphie (1), la connaissance positive de ses recherches lointaines prouvées par ses envois fréquens au Muséum d'histoire naturelle et les observations en tous genres insérées dans sa correspondance avec plusieurs membres de l'Institut, lui avaient valu pendant son absence, et dès l'année 1795, le titre d'associé correspondant à ce corps illustre. Aussi dès son retour et après le rétablissement de ses affaires particulières, PALISOT DE BEAUVOIS s'empressa-t-il d'assister aux séances, d'y lire des mémoires et d'étaler devant ses nouveaux collègues les richesses nombreuses qu'il avait rapportées. Cette collection embrassait les trois règnes de la nature, surtout le règne végétal qui fut toujours l'objet de sa prédilection (2).

Ses observations sur les animaux lui suggérèrent l'idée d'une distribution méthodique des quadrupèdes; il en divise les masses d'après la forme des doigts et des ongles,

---

sont très-courtes et ont une forte échancrure en-dedans; les ailes sont ordinairement déployées, beaucoup plus longues que les étuis; l'abdomen est allongé et linéaire; les pattes sont longues, avec les tarses filiformes, simples et terminés par deux petits crochets : tout le corps est roussâtre avec une ligne enfoncée jaune sur le corselet. L'insecte vient d'Oware et vit dans le bois qu'il ronge.

(1) *Memoir of Observations on the plants dénominated cryptogamik,* lu le 17 février 1792 et inséré dans le IIIe. vol., pag. 202 à 213 des *Transactions* de cette compagnie.

(2) Son herbier est passé à sa mort entre les mains de M. DELESSERT, banquier à Paris

en digités, en ungulés et en palmipèdes, et il en range les individus par des caractères particuliers puisés dans le nombre et la disposition des dents, la figure des ongles, etc. Il exposa le plan de cette méthode dans un cours de zoologie qu'il ouvrit, en 1804, à l'Athénée des étrangers à Paris.

Mais plus particulièrement entraîné vers l'étude des végétaux, il revint aux plantes que Linné a, pour ainsi dire, condamnées à former la dernière classe de son séduisant système sexuel. Déjà, dès le mois d'avril 1803, il avait entretenu l'Institut de la nécessité de changer le mot *cryptogamie* en celui d'*æthéogamie* (1), comme plus convenable et applicable à toutes les familles et à tous les genres; et de diviser les æthéogames en sept grandes familles, savoir: les algues, les champignons, les lichens, les hépatiques, les mousses, les lycopodes et les fougères. Dans ce travail long et difficile, fruit de trente années d'études et d'observations, on trouve la confirmation, et des essais nouveaux à l'appui du plan général que Palisot de Beauvois s'était fait, en 1780, d'examiner les cryptogames sous le rapport de leur organisation par familles naturelles, et sous celui de leurs caractères apparens et extérieurs pour les distribuer en genres constans et invariables.

Comme Ray, Morandi et Adanson, notre auteur place les algues en tête, comme le terme de l'échelle végétale, ou si l'on veut, en sens inverse, le premier degré de la végétation, le point où, si l'on peut s'exprimer ainsi, la

____

(1) Cette expression, dérivée des mots grecs ἀηθής, *insolite*, et γάμος, *noce*, indique bien la présence des sexes; mais elle prouve en même temps que le mystère de leur union n'est pas encore parfaitement connu.

matière tend à s'organiser. En effet, les algues sont aux autres végétaux , ce que les polypes amorphes de M. De Lamarck , sont aux autres animaux ; elles sont dépourvues de racines proprement dites , de tiges ; de feuilles , de fibres ou tubes et de trachées qui composent en grande partie l'organisation des plantes phanérogames (1). Réaumur , mon savant correspondant M. Stackhouse et Roth , Dillen , Muller , Dillevin , Draparnaud , Girod-Chantrans et Vaucher , ont remarqué , les trois premiers dans le plus grand nombre des fucus , et les autres dans les conferves , des parties distinctes de la substance et qu'ils regardent comme étant leurs organes reproducteurs. Palisot de Beauvois étudie les algues sous un autre point de vue ; il s'occupe de l'organisation intérieure de toutes les parties et plus spécialement de la contexture de leur substance ; et , marchant toujours du simple au composé , il divise cette famille en trois sections bien distinctes , les *iliodées* , qui naissent toujours ou au bord ou au fond des eaux stagnantes sur la vase , et dont toutes les parties plus ou moins filamenteuses , sont enveloppées par une matière molle, muqueuse ; les *trichomates* , dont la substance , toute filamenteuse , herbacée , commence à prendre la forme arborescente que la nature ne doit plus abandonner ; et les *fucées* ou *scutoïdes* (2) ,

______

(1) Mon ami , M. de Saint-Amans, d'Agen (dans le *Journal des sciences utiles* , de Bertholon, n°. 17 et 18 de 1791), a le premier proposé ce mot pour désigner toutes les espèces de plantes dont les organes sexuels sont apparens. Le mot phanérogame est composé de deux racines grecques φανερός *visible* et γάμος *noce*.

(2) M. Lamouroux les nomme *thalassiophytes* , et a publié sur ces plantes un ouvrage fort estimable.

ordinairement à substance membraneuse, coriace et diversement colorée, dont les organes reproducteurs sont presque toujours contenus dans des tubercules extérieurs, plus ou moins apparens, tantôt ovales, tantôt plus ou moins arrondis (1).

Les champignons occupent la seconde place et sont analogues aux polypes à rayons (2). Il est bon de se rappeler ici que Palisot de Beauvois a le premier en France préparé les progrès qu'on a faits dans cette partie de la botanique, et que ses recherches sont antérieures en publication à celles de Paulet et de Bulliard. Il distingue les champignons parasites de ceux qui ne le sont pas; il compare à certains animaux invertébrés les premiers qu'il a remarqués tant sur la plumule des plantes annuelles, que sur les jeunes pousses des plantes pérennes et sur les bourgeons des arbres, sous forme de petits grains, tantôt jaunes, tantôt bruns, et tellement fixés que l'immersion et l'agitation dans l'eau ne peuvent les détacher. Les champignons parasites ne s'introduisent point par les racines avec les sucs nourriciers des végétaux sur lesquels ils vivent; ils ne circulent point dans l'intérieur des vaisseaux à l'instar des vers intestinaux, ainsi que le pense un botaniste célèbre (M. de Candolle), mais ils s'attachent à l'épiderme qu'ils traversent pour se loger dessous, ou

---

(1) Ce travail sur les algues, lu à l'Institut le 30 mars et le 13 avril 1807, est encore inédit; il doit être accompagné de dix planches, qui sont toutes gravées et dont je possède un exemplaire.

(2) Le travail sur les champignons, qui devait suivre immédiatement celui sur les algues, est malheureusement demeuré incomplet.

bien, comme la rœstelie, tombés sur les jeunes bourgeons, ils se fixent aux jeunes feuilles, et sont ainsi portés
au haut de ces végétaux qui s'élèvent, en entraînant avec
eux leurs ennemis. Les champignons non parasites, qui
se développent d'une manière à-peu-près uniforme, mais
plus ou moins sensible, ne sont dans l'origine que des
filamens très-minces et très-déliés (1), vulgairement
appelés par les jardiniers *blanc de champignon*, qui,
en prenant de l'accroissement, deviennent racines, pous-
sent des tiges, portent des fleurs et des fruits; ils se per-
pétuent par des graines dont le nombre, la situation,
l'insertion, la dimension, la forme, la couleur, etc.,
varient ainsi que dans tous les autres végétaux. Ces
graines, que Gœrtner regarde comme des espèces de
gemmes, transportées par les vents, s'attachent à différens corps au moyen du gluten dont leur surface est im-
prégnée, et, si des circonstances favorables secondent leur
développement, de vastes surfaces sont bientôt couvertes
de champignons. Des corps où la graine se fixe, Palisot
de Beauvois en déduit trois classes (2), savoir : 1°. les
champignons qui croissent sur la terre, et parmi les dé-

---

(1) Mémoire lu à l'Académie des Sciences en 1780, et
inséré dans la partie botanique de l'*Encyclopédie méthodique*, art. Champignon, pag. 691 et suiv. — *Observations sur les champignons en général et sur quelques
espèces peu ou mal connues*, insérées dans les *Annales
du Muséum d'hist. nat.* de Paris, tom. VIII, p. 334-346.

(2) *Observations sur les champignons et sur leur
manière de croître*, lues à l'Institut le 3 novembre 1806;
elles sont insérées dans le *Journal de Botanique*,
tom. II, pag. 147-165.

bris de végétaux, sans s'y fixer immédiatement ; 2°. les
champignons faux-parasites , dont le nombre est très-
petit , et que l'on trouve sur des arbres encore vivans ,
3°. et les champignons qui naissent sur des bois morts
et sur des feuilles tombées. Ces derniers sont de deux
sortes , les annüels et les vivaces ; les uns sont 1°. mous
ou fugaces , 2°. secs mais fugaces, 3°. solides et durent
long-temps ; les autres , en très-petit nombre fournissent,
cette substance d'un usage si commun que l'on nomme
amadou , et qu'on trouve sur les hêtres languissans.

Les lichens, dont les scutelles sont organisées intérieu-
rement comme les pézizes (1), tiennent le troisième rang
dans l'æthéogamie ; le quatrième est occupé par les hépatiques chez lesquels on commence à trouver les indices
d'une fructification mieux prononcée et plus analogue à
celle des autres végétaux que nous nommons parfaits.
Palisot de Beauvois leur reconnaît, avec Linné , pour
organes fécondans les urnes portées sur le pédiculé que
Hedwig et ses partisans déclarent être les organes femelles (2).

La cinquième classe comprend les mousses. Elles
offrent de vraies racines, une tige , des feuilles , et des
organes particuliers et distincts , qui paraissent être ceux
à l'aide desquels elles se régénèrent. La fleur , essentiellement la même dans tous les genres et dans toutes les
espèces , ne diffère extérieurement que par le nombre et

---

(1) Consultez le premier volume botanique de l'*Encyclopédie méthodique* , art. Champignon.

(2) Je n'ai trouvé dans les papiers de Palisot de Beauvois qu'un travail à peine ébauché sur ces deux familles.

la forme des organes accessoires aux organes immédiats
de la génération. MICHELI et LINNÉ ont considéré l'urne
comme la partie mâle , et les rosettes comme la partie
femelle ; TOURNEFORT et HEDWIG pensent que l'urne est
au contraire une fleur femelle , et regardent les rosettes
comme l'organe mâle. PALISOT DE BEAUVOIS , dont les
travaux ont démontré qu'il s'est occupé des mousses
d'une manière toute particulière , à qui des analyses
suivies d'expériences nombreuses ont donné le droit de
faire autorité dans une matière pareille , assure que les
deux organes se trouvent réunis dans les mousses. Ce qui
confirme son opinion , c'est que l'urne existe dans tous
les individus de cette famille intéressante , tandis qu'il est
plusieurs genres auxquels on n'a pas encore découvert
de rosettes. La division méthodique des mousses (1) , est
la plus exacte et la plus naturelle qui ait été proposée
jusqu'ici. BRIDEL l'a adoptée presqu'en entier sans en
nommer l'auteur ; PALISOT DE BEAUVOIS , en rendant
compte du *Species muscorum* de ce botaniste (2) , a été
plus juste, plus homme de bien , puisqu'il le proclame
digne sous tous les rapports de l'élève et de l'ami du
célèbre HEDWIG : « l'exactitude des descriptions , dit-il,
« l'attention que M. BRIDEL a eue de décrire jusqu'aux
« plus petites parties qui peuvent servir à distinguer des
« espèces très-voisines , et qu'il serait aisé de prendre

____

(1) Voy. le *Prodrome d'œthéogamie*, in-8°. Paris ,
1805, pag. 1 à 94.

(2) Comptes rendus à l'Institut le 6 juin 1808 et le 15
août 1813. Ils sont l'un et l'autre insérés dans le *Journal
de Botanique*, tom. Ier, pag. 49, et tom. IV (le II de la
nouvelle série), pag. 153.

» pour des variétés, rendent cette nouvelle production
» précieuse pour les botanistes. »

Les lycopodes, perdus jusqu'ici comme genre, tantôt
parmi les mousses, tantôt parmi les fougères, prennent
dans l'æthéogamie le pénultième rang, et deviennent in-
termédiaires entre les cinq et septième familles naturelles
des plantes à noces insolites: Les lycopodes croissent de
la même manière que les mousses, dont ils ont à quelques
égards le port et le facies, mais ils s'en éloignent par la
forme tout-à-fait différente des fleurs; ils ont plus de
rapports à cet égard avec les fougères, mais ils s'en éloignent par la manière de croître et par l'anneau élastique
qui accompagne toujours la fructification. Cette famille
contient sept genres bien distincts, quant à la disposition
des fleurs mâles (1).

Les fougères forment le septième et dernier échelon
des familles æthéogames (2). Comme toutes les plantes
de cette classe, elles sont munies de sexes et ne se régénèrent point par des gemmes ou des propagules ; ainsi
que l'ont démontré les expériences de MM. Lindsay, de
Mirbel et Thouïn.

Le *Prodrome d'œthéogamie* (3) est le travail le plus important qui ait été entrepris sur une classe nombreuse
de plantes difficiles à étudier, très-peu connues, et avec
lesquelles la plupart des botanistes les plus célèbres ne
sont pas eux-mêmes très-familiers ; c'est donc un service

---

(1) *Prodrome d'œthéogamie*, pag. 95 à 114.

(2) Le travail sur les fougères est demeuré incomplet.

(3) Cet ouvrage publié séparément, a été imprimé en
entier dans le *Magasin encyclopédique*, tom. V de la IXe.
année, p. 289-330 et 472-483.

rendu à la science, et en même temps le plus beau titre de gloire de PALISOT DE BEAUVOIS. La table qui l'accompagne, et dans laquelle il décrit les espèces nouvelles, indique le nom que chaque auteur a donné à tel ou tel genre, et à telle ou telle espèce, offre la synonymie la plus complète, et un modèle à imiter pour arracher enfin la botanique à ce dédale de noms qui font le désespoir des maîtres, et dégoûtent l'élève de l'étude la plus aimable.

En 1806, PALISOT DE BEAUVOIS publia quelques notions générales sur la famille des palmiers (1), dont le port imposant et majestueux, dont les formes agréables et les fruits délicieux les placeraient seuls au nombre des premiers bienfaits accordés à l'homme par la nature, si d'autres qualités non moins précieuses ne les rendaient essentiellement utiles aux usages et à la vie des peuples qui habitent les climats chauds. Ce mémoire n'est que l'ébauche d'une monographie détaillée, dont FOURCROY l'avait engagé à s'occuper, et pour laquelle il se livra à des recherches longues et pénibles, mais qui sont loin d'être complètes. Il a sollicité tous les savans (2) pour qu'ils lui fournissent les moyens de fixer irrévocablement la place que les palmiers doivent occuper dans un système artificiel, et de faire cesser la grande confusion,

---

(1) *Mémoire sur les palmiers en général, et en particulier sur un nouveau genre de cette famille*, lu à l'Institut le 26 septembre 1806, et inséré dans le *Journal de Botanique*, tom. II, p. 74-87.

(2) *Notice préliminaire sur les palmiers*, insérée dans le 1er. cahier (juillet 1816) des *Ephémérides des sciences naturelles et médicales*, pag. 23-28.

le vague, l'incertitude qui règnent dans les caractères
donnés jusqu'ici aux genres èt aux espèces (1).

Au mois d'août de la même année, se trouvant alors
à Douai, il eut l'occasion de remarquer une production
peu commune de la famille des champignons, appartenant au genre *merulius*; il rapporte à ce sujet une anec-
dote fort piquante, nouvelle preuve de l'égarement des
esprits qu'enchaînent la superstition et une dévotion irré-
fléchie (2). Peu de temps après, il fut appelé à l'Institut
comme membre résident (3). En s'asseyant dans le fau-
teuil académique, que tant d'autres regardent comme
le siége d'un éternel repos, il sentit toute l'obligation
que lui imposait un titre aussi honorable, et on le vit
doubler encore de zèle.

Toujours et pour ainsi dire uniquement occupé à dé-
terminer positivement si les mousses et les lycopodes
se régénèrent comme les autres végétaux staminifères,
et quelle est la nature des organes que l'on croit être
ceux de la fructification de ces sortes de plantes, Palisot de Beauvois a offert, en 1811, sur ce problême
important, une solution qui ne doit plus laisser prise
aux préjugés, aux préventions et à l'esprit de système (4).
Il répondit à toutes les objections qui lui avaient été

---

(1) Je me propose de donner suite aux recherches de
Palisot de Beauvois sur cette intéressante famille; je re-
cevrai avec reconnaissance toutes les communications qui
me seront faites à ce sujet.

(2) *Journal de Botanique*, tom. III (le Ier. de la 2e.
série), pag. 12-16.

(3) Il a été élu le 17 novembre 1806, à la place vacante
par la mort d'Adanson.

(4) *Nouvelles observations sur la fructification des
mousses et des lycopodes*, lues à l'Institut le 22 avril

faites dans l'intérêt réel de la science ; et démontra avec évidence, 1°. que, sous tous les rapports, la poussière des mousses et des lycopodes, quant à la nature de ses substances, et quant à ses formes, réunit tous les caractères que les botanistes ont reconnus dans le pollen ; 2°. que l'autre organe est en tout semblable à un fruit parfait composé d'un péricarpe et de semences, dans lesquels ont reconnaît les deux enveloppes qui les caractérisent ; 3°. enfin, qu'outre ces deux organes qui sont les analogues des deux sexes, les mousses et les lycopodes sont munis d'un troisième organe, semblable à celui que l'on observe sur la dentaire (*dentaria bulbifera*), la bistorte (*polygonum bistorta*), le lis (*lilium candidum*), quelques graminées et certaines espèces du genre *allium*.

Dans la même année, il a donné connaissance à l'Institut de ses recherches sur la physiologie végétale (1). Elles embrassent plusieurs questions du plus haut intérêt. Celles relatives à la marche de la sève et à la formation du bois lui ont fourni les moyens de combattre avantageusement l'opinion des savans qui supposent éma-

---

1811 et insérées dans le *Journal de Physique*, tom. LXXIII. Il y en a eu des exemplaires tirés à part, tous sont accompagnés d'une planche gravée.

(1) *Premier mémoire et observations sur l'arrangement et la disposition des feuilles, sur la moëlle des végétaux ligneux et sur la conversion des couches corticales en bois*, lus le 20 avril 1812 ; — Second mémoire *sur l'arrangement et la disposition des feuilles*, lu le 6 juillet 1812. Ils sont l'un et l'autre imprimés dans les mémoires de l'Académie des sciences de l'Institut, année 1811, pag. 121-160 de la deuxième partie.

ner de l'aubier ancien l'humeur glaireuse ou cambium, que l'on voit transsuder horizontalement du tronc, et qu'on dit contribuer à la formation du liber. Il s'est assuré qu'en enlevant une portion d'écorce à un arbre, qu'en en frottant bien la plaie, de manière à n'y laisser ni liber ni cambium, jamais l'aubier ni le bois ne reproduisaient rien, mais que les bords de la solution de continuité faite à l'écorce, s'étendaient, recouvraient le bois resté à nu, et produisaient alors du liber et de l'aubier incontestablement émanés de l'écorce. Cette expérience, opposée à l'opinion de M. DE MIRBEL, qui veut que le liber se transforme en bois, et à celle de M. KNIGHT, qui considère le cambium comme formant une couche, origine première du bois et de l'écorce, prouve la communication générale de toutes les parties du végétal, et comment elles peuvent se suppléer mutuellement dans leurs fonctions.

Passant ensuite à l'examen de la moelle des végétaux, sujet perpétuel de controverse entre les physiologistes, il établit en principe qu'elle exerce, pendant l'existence des plantes, des fonctions, sinon d'une nécessité absolue pour leur conservation, du moins très-importantes pour leurs progrès et le développement de leurs branches, de leurs feuilles, et surtout des organes régénérateurs. Ce qui le démontre d'une manière irrésistible, c'est la forme de l'étui médullaire qui est en rapport toujours uniforme avec l'arrangement et la disposition des branches, ou des feuilles sur ces mêmes branches. En effet, dans les plantes à rameaux et à feuilles verticillées (1), l'aire de la coupe horizontale de l'étui médul-

____

(1) Comme le sapin et les autres arbres congénères.

laire montre autant d'angles qu'il y a de rameaux à chaque étage et à chaque verticille ; dans les plantes où les
feuilles sont opposées deux à deux (1) , l'aire de l'étui est
oblongue ; dans celles où les feuilles naissent trois à trois
à la même hauteur autour de la tige (2) , l'aire est triangulaire ; dans celles où les feuilles sont alternes et en
hélice, de façon qu'il faut cinq feuilles pour faire le tour
complet de la tige (3) , l'aire est pentagone ; enfin, lorsque les feuilles sont en spirale , le nombre des angles de
l'étui médullaire est égal à celui des feuilles dont se composent les spirales (4). Grew avait observé des formes
très-variées dans l'étui médullaire, surtout dans celui des
racines pivotantes des plantes potagères ; mais il n'a point
saisi les rapports de ces formes avec les dispositions des
rameaux et des feuilles. De son côté, Bonnet s'était attaché à distinguer les végétaux à feuilles opposées, verticillées, alternes, en spirales, mais il n'a point fait de
rapprochement de ces dispositions avec la forme de l'étui
médullaire. La découverte appartient donc toute entière
à Palisot de Beauvois ; elle montre le soin qu'il mettait
à ses expériences, et l'étude approfondie qu'il avait faite
de la nature.

___

(1) Comme dans le frêne, *fraxinus excelsior*, les
érables, les gentianées, etc.

(2) Comme dans le laurier rose, *nerium oleander*,
la verveine odorante, *verbena triphylla*, etc.

(3) Comme dans le chêne, l'orme, le rosier, etc.

(4) L'étui médullaire du tilleul a quatre angles ; celui
du châtaignier, du poirier, de presque tous les arbres
fruitiers, est à cinq angles plus ou moins réguliers, selon
que les spirales se multiplient et se succèdent constamment
de cinq en cinq.

En jetant les yeux sur les graminées, qui sont tout à-
la-fois la base de l'aisance pour le propriétaire, et l'élé-
ment de la vraie richesse pour les Etats, il voit avec peine
la confusion, je dirai même le désordre dans lequel se
trouve leur famille botanique ; il consulte les nombreux
ouvrages publiés sur ces végétaux depuis les plus anciens
jusques aux plus modernes ; il s'assure que plusieurs auteurs ont donné lieu à quelques heureux changemens,
mais qu'ils n'ont pas contribué dans la même proportion
à étendre les limites de la science, sous le rapport de la
partie dogmatique ; il conçoit alors l'idée d'établir un
corps de doctrines, il y travaille pendant plusieurs années, et en 1812 il le livre à l'impression (1). Son but
est de donner à la philosophie botanique une méthode
nouvelle, fondée sur l'étude approfondie des organes de
la fructification, sur des caractères constans déduits de
l'organisation de chacune des parties de ces mêmes organes. Ses bases tiennent principalement à la séparation
ou à la réunion des sexes, à la composition de la fleur,
et au nombre de ses enveloppes. Il divise les graminées
en 213 genres, dont 195 parfaitement distincts, ont été
étudiés sur la nature même. On y compte 62 genres
nouveaux ; les autres sont ou peu connus, ou douteux,
ou bien avaient été mal caractérisés par leurs auteurs.
L'ordre adopté tient à-la-fois à celui de LINNÉ et à celui
de M. DE JUSSIEU.

Comme PALISOT DE BEAUVOIS s'y était attendu, son

---

(1) *Essai d'une nouvelle Agrostographie, ou nouveaux genres des graminées ;* 1 vol. in-4°. et in-8°.,
de lxxiv et 182 pag. avec 25 planches, représentant les caractères de tous les genres ; Paris, 1812. Les premières
ébauches de cet ouvrage avaient été communiquées à l'Institut au mois de septembre 1809.

Essai sur l'Agrostographie a essuyé des critiques, les unes portent sur l'admission et l'adoption de quelques termes ; d'autres sur la multiplicité des genres ; très-peu ou plutôt aucune ne s'est encore élevée sur la théorie ni la méthode, si l'on excepte la nouvelle distribution proposée par ROBERT BROWN dans ses savantes remarques sur la botanique des Terres-Australes (1). Il en a profité pour changer, pour réduire ses genres, pour compléter et perfectionner de plus en plus une méthode qu'on peut regarder comme très-heureuse, simple, naturelle et facile pour l'étude des plantes qui intéressent le plus l'humanité (2).

En 1813, le phénomène si connu de la chute des feuilles en automne, lui offrit un sujet nouveau de méditation. La chute des feuilles a lieu de deux manières sur certains arbres ; il en est qui se dépouillent par le haut de leur cime, d'autres par le bas. D'où provient cette différence ? PALISOT DE BEAUVOIS nous l'apprend ; les espèces, où la pousse automnale consiste en de simples prolongations des extrémités des rameaux, se dépouillent d'abord par le bas, tandis que celles dont la pousse se fait par de petits rameaux latéraux, commencent à se dépouiller par le haut (3) ; en d'autres termes, les feuilles venues les dernières sont aussi les dernières à tomber. Mais se demandera-t-on avec DUHAMEL, comment se fait-il que le froid et les gelées respectent davantage des feuilles tendres, toutes nouvelles, tandis que d'autres plus anciennes ne

______

(1) *Gen. remarq. geog. and syst. on the botany of Terra Australis.*

(2) Ce travail inédit est passé entre les mains de M. ACHILLE RICHARD. Les botanistes attendent avec impatience celui que M. GAY prépare sur cette belle famille, et qu'il doit faire précéder par la description du maïs.

(3) Mémoire inédit lu à l'Institut le 25 octobre 1813.

peuvent leur résister ? C'est que, dans ce cas, comme dans celui qui, malgré la douceur de la température, voit tomber les feuilles de nos chênes transportés au Cap de Bonne-Espérance, la saison des frimas n'est pas la cause essentielle de la mort des feuilles ; leur chute est un résultat nécessaire et co-ordonné à la marche de toute la végétation ; soit que la cause provienne du développement des bourgeons, ou de l'endurcissement de l'écorce, soit par la formation du bois ou l'altération intérieure lentement préparée par la nature ; la feuille rougit (1), brunit (2), bleuit (3), ou jaunit (4), le pétiole se détache, et le tissu se dissout.

Un botaniste allemand, Schkuhn, de Wittemberg, à qui nous devons plusieurs ouvrages de botanique très-estimés, entre autres une monographie des laîches regardée justement comme classique (5), ayant le premier observé dans le genre de ces plantes (6), qu'il existait des espèces à deux et trois stygmates, et que le nombre de ces organes était constamment le même que celui des angles du fruit, cette découverte fixa l'attention de Palisot de Beauvois, et fut pour lui l'objet d'un

---

(1) Comme dans le sumac, la vigne, etc.

(2) Le noyer, le marronnier, etc.

(3) Le chèvre-feuille, la ronce, etc.

(4) L'orme, le chêne, le peuplier, etc.

(5) Elle a été traduite en français par le professeur Delavigne.

(6) Plusieurs biographes attribuent à Palisot de Beauvois des *Observations sur les carex* imprimées, selon eux vers l'an 1802 ; malgré les recherches les plus scrupuleuses, il m'a été impossible d'en découvrir l'existence, ni même la plus légère trace dans les mémoires qu'il avait lus à l'Institut ou dans les notes qu'il a laissées sur ce genre de plantes.

travail nouveau autant que difficile. Il étendit l'observation à toute la famille des cypéracées qu'il nommait *cypérées*. Le nombre des stygmates lui fournit aussitôt des caractères génériques, au moyen desquels il se promettait de débrouiller facilement certains genres de cette famille qui sont très-nombreux en espèces et ont fait jusqu'ici le désespoir des classificateurs. Il lut à ce sujet quelques observations ingénieuses à l'Institut (1); le temps ne lui a pas permis de les co-ordonner et de terminer son travail (2).

De nouvelles idées ne pouvaient le détourner de ses premières affections, elles ajoutaient au contraire à l'activité de son esprit, à son infatigable patience, et doublaient le prix des conquêtes qu'il faisait chaque année sur le domaine mystérieux de la nature. D'ailleurs les difficultés qu'il éprouvait relativement à son système de la fructification des mousses, l'excitaient à ne rien négliger pour ramener, par des faits, les agamistes (3) dans le cercle étroit de la vérité où il avait su pénétrer par sa ténacité et l'excellence de ses observations. Il communiqua, le 27 juin 1814, à l'Institut des réflexions ultérieures sur les organes sexuels des mousses, desquelles

-----

(1) Mémoire inédit lu le 8 avril 1814.

(2) On trouve tous les élémens de ses recherches sur ce groupe de plantes dans la thèse savante soutenue en 1819 à la Faculté de médecine de Paris, par M. Them. Lestiboudois, son élève, sous le titre d'*Essai sur la famille des Cypéracées*, in-4°. Paris, 1819.

(3) On donne ce nom aux botanistes qui soutiennent que les champignons, les lichens, les mousses, etc. n'ont point d'organes sexuels apparens, ou qui soient du moins reconnus par eux.

il résulte les faits suivans (1) , qui confirment pleinement ceux qu'il avait observés trente-quatre ans auparavant ; savoir : 1°. les urnes sont incontestablement des fleurs hermaphrodites ; 2°. la poussière verte que les urnes contiennent est le pollen ; 3°. dans son extrême jeunesse , le pollen n'est qu'une masse compacte, informe, semblable à de la cire ou de la pâte molle, à l'instar du pollen renfermé dans les anthères des autres végétaux ; 4°. dans les mousses, comme dans les autres plantes, cette pâte prend successivement de la consistance ; elle se divise petit à petit et finit par se convertir en poussière ; 5°. les grains qui la constituent sont verts, anguleux, unis les uns aux autres par des petits filamens très-courts et formés chacun de deux et le plus ordinairement de trois loges transparentes, remplies d'une humeur comparable à l'*aura seminalis* du pollen ordinaire ; 6°. la véritable semence est contenue dans un petit corps central que les botanistes appellent la columelle de l'urne ; 7°. cette columelle , qui varie de forme d'un genre à l'autre , est constamment à peu de chose près la même dans les espèces du même genre ; elle s'ouvre pour laisser échapper les semences qu'on observe dans son intérieur ; 8°. dans plusieurs mousses il se trouve un troisième organe, assez

----

(1) Voyez à ce sujet le *Journal de Physique*, tom. LXXIX. Le mémoire manuscrit, que j'ai lu, est accompagné de onze dessins contenant en totalité cinquante-huit figures et les détails de tous les genres. Les planches ont été gravées depuis. On lit au sujet de cet ouvrage des notes critiques fort curieuses de M. DE MIRBEL , dans le *Bulletin de la Société philomatique de Paris*, vol. de 1814, pag. 130-134.

semblable par sa forme et sa contexture, au petit corps central de l'urne, qui, comme lui, renferme des petits grains opaques, et est percé à son sommet pour faciliter leur sortie ; 9°. enfin que ce dernier organe paraît n'être en maturité et ne s'ouvrir que lorsque la poussière s'échappe de l'urne. Ces faits que Palisot de Beauvois m'a rendus palpables, qu'il a exposés avec précision et avec calme, détruisent entièrement le système d'Hedwig qu'il a combattu dès 1780 ; ils ne sont pas opposés aux idées de Dillen et de Linné, et ils prouvent que tôt ou tard la nature sait révéler ses secrets à ceux qui l'interrogent sans prévention, sans esprit de parti.

Une victoire aussi belle fut un triomphe signalé pour le savant botaniste ; mais, semblable à ces généraux austères des anciennes républiques qui, pour faire oublier la grande autorité qu'ils avaient exercée pendant les dangers, venaient déposer leurs lauriers sur l'autel de la patrie, Palisot de Beauvois voulut la consacrer par un bienfait envers les hommes. Il en trouva l'idée dans la famille des æthéogames, l'aînée de ses favorites.

Dans la vue de prévenir, surtout à la campagne, les accidens qui chaque année se renouvellent d'une manière si fâcheuse par l'usage inconsidéré des champignons, il rédigea, en 1815, sous le titre de *Manuel à l'usage des amateurs de champignons*, une instruction familière propre à éclairer les citoyens de toutes les classes et à la portée de tous. Cet opuscule contient quelques observations nouvelles qui n'échapperont pas aux botanistes ; mais ce qui n'est pas moins important, il est écrit avec simplicité, clair dans les descriptions qu'il offre des champignons bons à manger (1), et donne des conseils

---

(1) Cette instruction inédite devait être accompagnée de

sages pour les cas d'imprudence et d'entêtement, car il
ne faut pas se le dissimuler, les meilleurs champignons
causent des accidens très-graves lorsqu'on en mange trop,
ou même lorsque, sans en avoir fait excès, l'estomac
est hors d'état de les digérer. Le plus prudent serait de
n'en manger d'aucune sorte ; mais comment vaincre l'espèce de dépravation qui fait hasarder sa vie pour satisfaire à la sensualité d'un moment ?

On trouve très-communément dans les lieux marécageux des herbes extrêmement petites, flottantes à la surface de l'onde et destinées à en retarder la putréfaction
et à absorber l'air malfaisant ; elles sont appelées lenticu-
les et par les botanistes *lemna*. Jusqu'en 1815, le genre
de ces plantes était mal connu ; MICHELI, EHRHARDT et
WOLF n'avaient fait qu'en effleurer l'histoire. PALISOT DE
BEAUVOIS en a le premier recueilli les graines mûres, il
les a fait germer, en a suivi très-attentivement les diverses périodes de végétation, et a reconnu que la fleur est
hermaphrodite, à enveloppe d'une seule pièce, à deux étamines qui se montrent et se déployent successivement, à
style unique, à ovaire supère devenant une capsule unilo-
culaire, se déchirant circulairement à sa base, et contenant
de une à quatre semences striées. La fructification est
située dans le point de réunion des feuilles (1). La len-

---

dessins corrects des 22 espèces de champignons estimés
comestibles qui en feraient connaître les couleurs et les
nuances. Je me propose de la publier incessamment dans
ma *Bibliothèque physico-économique.*

(1) Mémoires inédits lus à l'Institut les 31 octobre 1814
et 11 septembre 1815, et accompagnés de figures.

tille bossue *(lemna gibba)*, est l'espèce qui lui a servi à faire ses observations.

Sans cesse occupé à résoudre les questions les plus ardues, à tenter des recherches délicates, je l'ai vu profiter de l'humidité extraordinaire et des pluies si désastreuses de 1816, pour se livrer à l'étude approfondie des plantes parasites. L'année fatale en avait tant développé, qu'il s'en est trouvé dans le nombre plusieurs échappées jusqu'alors aux botanistes les plus heureux dans ces sortes d'investigations. Il fit connaître une variété de *Sclerotium* qui diminua de près des deux tiers la récolte des haricots non ramés, sur lesquels elle s'était propagée (1) ; une nouvelle espèce de *Sphæria* qui a détruit prodigieusement d'ognons ; une nouvelle espèce d'*Uredo*, qui leur a été plus pernicieuse encore, et un nouveau genre de plantes microscopiques (2) qui croît sur une autre parasite, l'orobanche rameuse qui fait tant de tort au chanvre : c'est une espèce de tubercule qui se fixe au-dessus de la racine de l'orobanche, et nuit considérablement au végétal condamné à leur servir de pâture. Ce tubercule présente des caractères qui le rapprochent beaucoup des truffes et des sclérotium ; cependant il s'en éloigne par des différences très-notables.

Ces découvertes lui avaient fait naître l'idée d'envisager l'existence des plantes parasites et des insectes, sous le point de vue de leurs rapports avec les autres plantes, et d'en déduire quelques observations neuves pour la pathologie végétale, sur laquelle on n'a que des renseignemens vagues, malgré les travaux de Réaumur,

---

(1) Mémoire inédit lu à l'Institut le 5 août 1816.

(2) Mémoire inédit lu à l'Institut le 9 septembre 1816.

de Duhamel, de Plenck, de Philippe Ré, etc. Déjà, il avait rassemblé plus de six mille objets, tant exotiques qu'indigènes, sur ces diverses productions qu'il nommait *phytopolites* (1). Un mémoire rédigé depuis 1806 et accompagné d'un grand nombre de figures, qu'il m'avait lu en 1813, mais que je n'ai point retrouvé dans ses papiers, contenait des choses entièrement nouvelles et dont on ne se formait pas même l'idée (2).

Etranger aux jouissances de la vie qu'une sobriété philosophique et raisonnée lui rendait inutiles, que la simplicité de ses mœurs ne lui permettait d'envier à personne, Palisot de Beauvois ne se plaisait que dans son cabinet, où la nature était sans cesse interrogée, les affections de famille sans cesse écoutées, et la bonne amitié toujours accueillie. Là, l'étude soulageait sa tête toujours active,

----

(1) Par ce mot, composé de racines grecques φυτον, *feuille*, et πολι'της, *habitant*, Palisot de Beauvois désignait également et les animaux et les plantes parasites ou faux-parasites, habitant sur un autre animal ou sur un végétal, ou bien vivant à ses dépens.

(2) M. Bosc, de l'Institut, et M. Vallot, de Dijon, s'occupent l'un et l'autre d'un ouvrage sur cette matière; le premier paraît vouloir se borner à la description des insectes et des accidens qui résultent de leur piqûre; le second, dont le plan est plus vaste, plus rapproché de celui de Palisot de Beauvois, en a jeté les bases dans son *Insectorum incunabula*, ouvrage encore manuscrit. Il contient quatre divisions principales : la première est intitulée *Flora hospitans insecta*; la seconde a pour titre : *Tellus insecta in gremio fovens*; la troisième : *Naïas in sinu insecta involvens*; et la quatrième : *Fauna insectorum hospes.*

et consolait son cœur des longs désastres de la patrie ; il
se levait de très-grand matin , travaillait tout le jour,
souvent aux heures des repas , et même assez avant dans
la nuit. A la ville, à la campagne, dans les salles du Muséum d'histoire naturelle, sous les bosquets verdoyans du
Jardin des plantes , partout il se livrait à des observations ;
ce n'était qu'au spectacle , où il allait rarement , qu'on
pouvait l'entretenir de ses affaires personnelles. Il assistait
religieusement aux séances de l'Institut, de la Société
centrale d'agriculture, de la Société philomatique, et
presque toujours il y venait chargé de quelques faits nouveaux.

Une vie aussi pleine , un travail aussi assidu , devaient
nécessairement user les ressorts secrets de l'existence et
porter atteinte à sa constitution vigoureuse. Il le reconnut
à ce besoin qui le dévorait de presser ses recherches si
délicates, si fatigantes, de laisser en héritage aux savans
ses découvertes et son exemple, et de consigner sur le
papier ces lumières si difficilement acquises et qui s'étei-
gnent avec le souffle de la vie. Son pressentiment ne fut
que trop justifié. Dans les premiers jours de janvier 1820,
il fut atteint d'une fluxion de poitrine. Il dissimula ses
souffrances pour prévenir les inquiétudes d'une épouse
chérie, pour ne point tourmenter ses amis, pour imposer
à son courage une dernière épreuve ; mais il fallut suc-
comber, et le 21 , âgé de 67 ans et demi, il paya sa dette
à la nature , il s'endormit du sommeil du juste. Le lendemain, ses restes inanimés furent déposés par ses collègues, ses amis, ses élèves au cimetière de l'Est (1). Au

---

(1) Son tombeau s'élève sur la plate forme à gauche
de la chapelle. Il avait choisi lui-même cet endroit pour

nom de l'Institut, M. DE JUSSIEU, qui fut son plus constant ami, son correspondant, le dépositaire de ses collections en son absence, le témoin de ses travaux avant ses voyages et depuis son retour, a jeté des fleurs sur la tombe qui, pour jamais, le séparait de nous, et rappelé à tous ceux qui le connaissaient, les titres qu'il s'est acquis à l'immortalité.

PALISOT DE BEAUVOIS portait sur sa figure, dans tout l'ensemble de son être les belles qualités de son âme. Né bon, le malheur développa davantage encore ce noble penchant vers le bien. Personne n'a été plus ferme dans ses affections, plus aimable, plus gai, plus spirituel dans ses épanchemens, et c'est surtout quand il pouvait obliger, que son amitié révélait les plus beaux élans d'une ame généreuse. Dans le monde, il était le meilleur des hommes ; dans son intérieur, la profondeur de ses études ne l'empêchait pas d'être le plus tendre des époux, de trouver le temps d'initier dans le secret des sciences les petits-fils de son maître, de son ami LESTIBOUDOIS, de donner des conseils aux jeunes gens qui, par goût et par sentiment, se livraient aux recherches utiles. En tout temps, en tous lieux, son commerce fut sûr et agréable, ses manières nobles sans orgueil, polies sans bassesse, et sa naïveté d'un abandon peu commun. Les disgrâces de ses amis l'affectaient plus vivement que les siennes propres ; c'est alors qu'il était singulièrement irritable à l'injure, qu'il aurait tout bravé pour venger, pour sauver ceux dont son cœur avait fait choix. Dans toute autre cir-

___

sa sépulture. De là, l'œil jouit d'une vue très-pittoresque et très-étendüe. L'amour conjugal et l'amitié y entretiennent des fleurs.

constance , une semblable susceptibilité perdait son em-
pire sur lui ; dans aucun cas elle n'avait le pouvoir d'ai-
grir son caractère. Tolérant, mais sans indulgence pour
le vice, passionné pour la gloire, quoique sans ambition ,
l'amour des sciences élevait sans cesse sa pensée , exal-
tait son courage et le rendait infatigable. Quand il s'agis-
sait de la botanique, rien ne lui coûtait; fallait-il s'assurer d'un fait délicat? il s'y livrait tout entier , il cher-
chait la vérité pour elle-même, et n'était jamais troublé
par la pensée des applaudissemens ou des critiques.
Fallait-il combattre une erreur? il le faissait de bonne foi ,
avec une constance remarquable, il employait tour à-
tour la force du raisonnement, l'arme si puissante de
l'expérience et même celle du ridicule qui n'est pas toujours innocente. Mais s'agissait-il des intérêts de la patrie, son ame grandissait avec cette cause sublime ,
cette cause des cœurs vertueux. Peu d'hommes ont
poussé ce sentiment aussi loin ; s'il n'a point versé son
sang pour son pays , il lui a sacrifié sa fortune , sa santé ,
ses jouissances les plus chères ; il a bravé l'intempérie
des climats pour exploiter le domaine des sciences. Au seul
nom de la patrie, je l'ai vu verser des larmes en se représentant ses destinées tombées entre des mains avides de
sang et de désordre. La pensée de nos calamités profondes
le plongeait dans une tristesse que sa physionomie tra-
hissait souvent ; le poids de cette affection douloureuse a
causé sa fin prématurée.

Palisot de Beauvois était doué d'une très-bonne vue
et d'une adresse vraiment remarquable , aussi en faisant
usage du miscroscope avait-il tous les moyens de se ga-
rantir des illusions de cet instrument et de s'assurer de
l'exactitude de ses descriptions. Il dessinait avec soin et sa

mémoire prodigieuse lui fournissait tous les termes de comparaison dont il pouvait avoir besoin.

Les belles lettres étaient le seul délassement qu'il se procurât, la lecture de nos meilleurs écrivains et le culte des Muses fesaient ses délices. Son goût exquis embrassait tout ce qui est aimable, s'attachait à tout ce qui est beau. Il ne possédait pas seulement le grec et le latin, l'anglais et l'espagnol, mais il était familier avec la littérature de ces langues. Il a laissé des plaidoyers qui auraient pu lui faire un nom au barreau. Il a fait plusieurs pièces de théâtre ; une entre autres, sous le titre du *Railleur*, qui ne serait pas indigne de la représentation ; c'est une comédie à caractère, en cinq actes et en vers, où le sujet est traité d'une manière large et avec une parfaite entente des passions et du jeu de la scène. Son éloge de FOURCROY (1) est écrit d'abondance et l'expression d'une ame sensible ; en faisant celui de ROLLIN (2), il a voulu, me disait-il, payer une dette du cœur : tous ceux qui jouissent des lumières de l'instruction, doivent un tribut à celui qui employa sa vie entière à poser des bases solides à la meilleure éducation de la jeunesse. On trouve encore de lui quelques articles de botanique et de physiologie végétale dans le *Nouveau Dictionnaire d'histoire naturelle* (3) , dans le

---

(1) Broch. in-4°. Paris, 1811. Ce discours devait être prononcé à l'Athénée des arts de Paris, dont FOURCROY fut un des fondateurs.

(2) Je possède ce discours inédit, qu'il écrivit en 1815, alors qu'il fut nommé conseiller de l'Université.

(3) Le plus remarquable de tous est celui sur les fruits, tom. XII, pag. 285-305, dans lequel il propose plusieurs questions importantes à résoudre sur l'époque précise de la récolte des fruits, sur les moyens de les conserver, sur

Journal de botanique (1), dans la *Revue encyclopédi-que* (2) et dans le *Dictionnaire des sciences naturel-les* (3). Parmi ses manuscrits achevés, j'ai remarqué celui de son voyage sur la côte occidentale de l'Afrique, plusieurs mémoires curieux, qui devraient être rendus publics. C'est un devoir que son épouse et ses amis ont à remplir et qu'ils acquitteront avec empressement.

Un botaniste estimable, M. DE MIRBEL, avait établi

---

la blétissure et sur quelques particularités dignes d'attirer les regards et les méditations des physiciens. L'Institut de France avait, en 1820, ouvert à ce sujet un concours qui a produit deux bons mémoires, celui de M. BÉRARD, de Montpellier, qui a obtenu le prix, et celui de M. COUVERS-CHEL, de Paris, auquel l'Académie des sciences a accordé l'accessit.

(1) Outre ceux que j'ai cités, on y trouve encore dans le tom. II, pag. 231, un curieux article sur les *Esquisses historiques de la botanique en Angleterre*, de PUL-TENEY, et dans le tom. IV (le 2e. de la IIe. série), pag. 153, un autre non moins remarquable sur la *Muscologie de* BRIDEL.

(2) Je ne parlerai que de celui sur le premier volume du *Systema naturale* de M. DE CANDOLLE, inséré dans le tom. V. page 83-97, où PALISOT DE BEAUVOIS présente un tableau abrégé et comparatif de l'état de la botanique, au temps de TOURNEFORT et de LINNÉ, et où il indique les progrès que cette science a faits depuis environ un demi siècle. Ce morceau mérite d'être lu et médité : c'est le dernier écrit sorti de la plume de mon illustre ami.

(3) Tous ses articles appartiennent à la botanique; PA-LISOT DE BEAUVOIS était associé par ce travail à M. DE JUS-SIEU, et signait P. B.

sous le nom de *Belvisia*, un genre de plantes ayant le port des *Pteris* et celui des polypodes ; mais les différentes espèces qui le composaient étant rentrées dans les genres *Lomaria* et *Asplenium*, déjà existans, mon ami M. DES-VAUX, qui fut aussi celui de notre savant académicien, a proposé (1) de donner le nom de PALISOT DE BEAUVOIS à la plante d'Oware, que cet infatigable voyageur avait consacrée à NAPOLÉON BONAPARTE (2), en opposition à la loi prescrite aux botanistes par leur illustre maître de ne jamais imposer aux plantes le nom d'hommes étrangers à la science, quels que fussent d'ailleurs leurs droits à l'immortalité (3). La *Belvisia cœrulea* est remarquable par la beauté, par la singularité de ses fleurs bleues : c'est un ordre nouveau, un ordre intermédiaire entre les passiflores et les cucurbitacées. La proposition de M. DES-VAUX méritait d'être adoptée, elle l'a été par les botanistes français ; elle le sera de même par tous ceux qui cultivent l'aimable science, par tous ceux qui se plaisent à payer un juste tribut à la mémoire de quiconque en a étendu les limites et la gloire : et certes, à ce double titre, personne ne contestera la palme à PALISOT DE BEAUVOIS.

---

(1) *Journal de Botanique*, tom. VI (le IVᵉ. de la nouvelle série), pag. 128-130.

(2) Mémoire lu à l'Institut le 16 vendémiaire an XIII (8 octobre 1804). Elle est décrite et figurée dans la *Flore d'Oware*, t. II, pag. 29 à 32, planche LXXVIII. Elle a paru séparément, in-plano, avec un extrait du mémoire, en 1804.

(3) *Nomina generica non abutenda sunt ad sanctorum, hominumve in alia arte illustrium favorem captandam aut memoriam conservandam.* LINNÆI. Philosophia botanica n° 36.

G